DE L'ORIGINE

DES DIVERSES VARIÉTÉS OU ESPÈCES

D'ARBRES FRUITIERS

ET

AUTRES VÉGÉTAUX GÉNÉRALEMENT CULTIVÉS

POUR LES BESOINS DE L'HOMME,

PAR

ALEXIS JORDAN,

Membre de l'Académie des sciences, belles-lettres
et arts de Lyon,
de la Société d'Agriculture et de la Société Linnéenne de la même ville,
Membre correspondant de plusieurs Sociétés savantes.

MÉMOIRE LU A L'ACADÉMIE DES SCIENCES, BELLES-LETTRES ET ARTS DE LYON,
DANS LA SÉANCE PUBLIQUE DU 14 DÉCEMBRE 1852.

PARIS.

J.-B. BAILLIÈRE, LIBRAIRE,
rue Hautefeuille, 19.

—

1853.

DE L'ORIGINE

DES DIVERSES VARIÉTÉS OU ESPÈCES

D'ARBRES FRUITIERS

ET

AUTRES VÉGÉTAUX GÉNÉRALEMENT CULTIVÉS

POUR LES BESOINS DE L'HOMME.

Lyon. — Imp. de F. Dumoulin, rue Centrale 20.

DE L'ORIGINE

DES DIVERSES VARIÉTÉS OU ESPÈCES

D'ARBRES FRUITIERS

ET

AUTRES VÉGÉTAUX GÉNÉRALEMENT CULTIVÉS

POUR LES BESOINS DE L'HOMME,

PAR

ALEXIS JORDAN,

Membre de l'Académie des sciences, belles-lettres
et arts de Lyon,
de la Société d'Agriculture et de la Société Linnéenne de la même ville,
Membre correspondant de plusieurs Sociétés savantes.

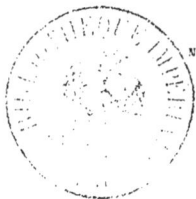

MÉMOIRE LU EN SÉANCE PUBLIQUE DE L'ACADÉMIE DES SCIENCES, BELLES-LETTRES
ET ARTS DE LYON, LE 14 DÉCEMBRE 1852.

PARIS.

J.-B. BAILLIÈRE, LIBRAIRE,
rue Hautefeuille, 19.

—

1853.

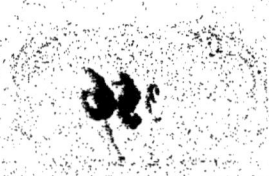

DE L'ORIGINE

DES DIVERSES VARIÉTÉS OU ESPÈCES

D'ARBRES FRUITIERS

ET AUTRES VÉGÉTAUX GÉNÉRALEMENT CULTIVÉS

POUR LES BESOINS DE L'HOMME.

L'étude des végétaux utiles à l'homme, de ceux surtout dont il tire sa nourriture et qui sont devenus nécessaires à son existence, est bien digne de fixer notre attention, tant par son importance réelle que par l'intérêt de curiosité qu'offre naturellement à l'esprit ce qui nous touche de près. Aussi tout ce qui peut servir à nous faire mieux connaître ces végétaux, et nous donner les moyens de les conserver ou de les approprier davantage à nos besoins, mérite de notre part un examen sérieux; telles sont surtout les questions qui se rattachent à leur histoire et qui ont pour objet la recherche de leur origine.

Il n'est personne qui, à la vue de cette immense variété de fruits et de légumes dont sont remplies nos cultures aujourd'hui, ne se soit demandé comment l'homme avait été mis en possession de toutes ces richesses végétales qui ajoutent tant de charmes à son existence, comment chacun de ces fruits si flatteurs pour le goût était entré successivement dans son domaine.

1

Parmi les hommes qui s'intéressent d'une manière toute spéciale aux progrès de nos industries horticoles et viticoles, il en est peu qui n'aient senti toute l'importance de cette question d'origine et qui n'aient compris que les améliorations dont les végétaux des cultures sont susceptibles dans l'avenir ne peuvent être exactement appréciées que par la connaissance de celles qui ont été réalisées dans le passé. Mais la plupart de ceux qui ont envisagé la question de l'origine des végétaux des cultures ont cru qu'elle devait être résolue uniquement par les données historiques; et comme il se trouve que ces données sont pour ainsi dire nulles, qu'elles nous laissent ignorer complètement, soit la vraie patrie des types de nos arbres fruitiers, vignes, légumes, céréales, etc., soit la nature des changements produits en eux par la culture, cette question a dû paraître presque insoluble à leurs yeux.

L'impossibilité où l'on s'est vu d'établir par aucun fait positif la véritable origine de chacune des races ou espèces des végétaux des cultures, a fait recourir aux hypothèses pour rendre raison de leur existence. En présence des faits qui semblent prouver que chaque jour des variétés nouvelles apparaissent dans les cultures, et que les végétaux soumis à l'influence de l'homme subissent des modifications nombreuses et importantes, on a dû naturellement supposer que les variétés anciennes s'étaient produites de la même façon que les nouvelles, et que toutes probablement devaient leur origine à un très-petit nombre de types aujourd'hui perdus, ou devenus méconnaissables par suite des transformations qu'une culture prolongée leur a fait subir. Ces variétés si nombreuses que l'on possède actuellement, ayant été produites ainsi, à la longue et on ne sait comment, par l'action des climats et des sols divers, par l'effet des croisements ou de tout autres causes inconnues, seraient devenues fixes et héréditaires; elles constitueraient des races parfaitement analogues à celles de l'homme et des animaux domestiques.

Telles sont les hypothèses dont nous proposons d'examiner ici la valeur. Nous aborderons directement aussi cette question si obscure de l'origine des arbres fruitiers et autres végétaux des cultures, non pas avec la prétention de la résoudre pleinement, mais avec le désir d'y jeter quelque lumière, en indiquant la voie qui nous paraît la meilleure pour arriver à une solution satisfaisante. Nous aurons en même temps à faire connaître quelles sont, sur les points où les données de l'expérience et de la tradition font défaut, les conjectures qu'il est permis de former et qui seules, selon nous, peuvent se concilier avec les résultats les plus incontestables de l'étude scientifique des végétaux.

Toute science a pour objet la connaissance de certains faits et de leurs causes: savoir véritablement, a très-bien dit Bacon, c'est savoir par les causes. Dans les sciences physiques et naturelles, l'expérience qui nous met en rapport avec le monde extérieur et sensible, en nous donnant la connaissance des faits, ne nous apprend rien sur leurs causes ; les phénomènes variables et contingents, qui sont accessibles aux sens, forment exclusivement son domaine. Mais, au delà de ces apparences, de ces modalités ou propriétés des êtres que l'observation nous découvre, il y a la cause, c'est-à-dire la substance ou la réalité même que nos sens ne peuvent atteindre, et dont notre raison conçoit l'existence comme nécessaire. Si donc dans toute connaissance des choses il entre deux éléments, l'un relatif aux sens, l'autre à la raison, il y aura également deux ordres distincts dans la science: celui des phénomènes sensibles, et celui des réalités insaisissables aux sens. Ces deux ordres ne doivent être ni confondus ni séparés, puisque c'est leur union même qui constitue la science, et que d'elle dépend son évolution progressive.

En partant de ce point de vue fondamental, il est aisé de reconnaître qu'on ne doit pas donner l'expérience pour base unique à une science même très-partielle, et que, de même qu'on ne saurait se passer des données qu'elle fournit, il est impossible de rien établir solidement sur ces données seules. Il faut toujours que les faits observés se rattachent à des conceptions de la pensée, à des principes évidents de la raison ; ce n'est qu'à cette condition qu'ils prennent ce caractère de clarté et de certitude qui en fait toute la valeur scientifique. En outre, l'expérience a besoin d'être réglée et dirigée pour ne pas être faussée dans sa marche ou rester stérile dans ses recherches ; cette règle doit être fournie par le travail de la réflexion appliquée aux conceptions rationnelles, qui ne sont autre chose que les lois mêmes de la pensée, nécessairement en harmonie avec les lois des êtres.

Ces considérations nous amènent à conclure très-légitimement que la question de l'origine des végétaux cultivés, qui nous occupe, ne peut être résolue uniquement par la voie de l'expérience, qu'elle doit avoir aussi et avant tout une solution métaphysique. Sans doute il importe d'examiner ce que sont actuellement ces végétaux, d'étudier tous les caractères et tous les détails d'organisation par lesquels ils se distinguent les uns des autres, toutes les modifications que le climat, la culture ou d'autres causes ont pu produire en eux et que l'expérience constate, d'observer attentivement aussi les analogies qu'ils peuvent offrir dans leurs caractères et leurs variations avec les végétaux spontanés qui n'ont jamais été soumis à l'influence de l'homme ; en un mot, une connaissance approfondie des végétaux cultivés, aussi bien que de ceux à l'état sauvage qui peuvent leur être comparés, est certainement indispensable, mais elle est insuffisante. Il faut d'abord sortir du champ de l'observation externe et entrer dans celui de la pensée pure, pour soumettre aux méditations de notre esprit cette notion de la substance ou de réalité dans l'être, identique à celle de cause, et celle de l'espèce, identique à l'idée de diversité dans les êtres, qui se révèlent à nous dès que nous entrons en rapport avec ceux du monde extérieur.

La substance, ce qui constitue l'essence, le fond de l'être, sa nature propre et intime, est incompréhensible pour nous; mais notre raison conçoit nécessairement qu'elle existe. A l'occasion de la manifestation des attributs ou propriétés d'un être que nos sens aperçoivent, nous croyons invinciblement qu'il existe sous ces attributs une réalité, un fond substantiel, une essence en un mot, qui est leur cause véritable, qui les produit par son action propre; et de la diversité des attributs nous concluons aussi invinciblement à la diversité des causes ou essences auxquelles ils correspondent. Notre raison conçoit également que, pour que la substance existe, il faut qu'elle existe d'une certaine manière. Ce qui fait qu'un être existe, qu'il est soi et non un autre, ce qui le détermine, c'est sa forme; toute substance n'est donc autre chose qu'une forme essentielle, c'est-à-dire un type, une espèce. Chaque forme se développe suivant certaines lois, et se révèle à nous par des caractères extérieurs. Ces caractères ne sont pas ce qui constitue proprement la forme, mais ce qui la manifeste et la met en rapport avec les autres êtres et nous. Le fond essentiel, qui nécessairement préexiste au développement et produit ce développement, est conçu par la pensée comme absolument un et indivisible, par conséquent comme immuable et inaltérable.

Toute forme est représentée et reproduite numériquement dans le monde à l'état d'individu et avec une certaine figure; le monde n'offre donc à nos yeux que des individus, chez lesquels la forme spécifique se trouve unie à la forme individuelle ou principe d'individualité, qui les distingue entre eux et fait que l'un n'est pas l'autre. Le fond commun identique chez tous ceux qui représentent une même forme spécifique, c'est là l'espèce. Le rapport de l'individu à l'espèce, considéré dans le monde inorganique ou dans celui des êtres organisés, est toujours le même, avec cette seule différence, cependant, que la solidarité qui unit les individus dans les êtres organisés est, en raison de leur complexité

plus grande, d'un ordre bien plus élevé que celle qui rapproche
les molécules des corps inorganiques. Si donc l'on envisage
un corps minéral quelconque, chacune de ses molécules
considérée isolément, en supposant la division poussée à
l'extrême, possède toutes les propriétés du corps entier; cependant une molécule n'en est pas une autre, elle est soi; on conçoit également que l'addition de molécules similaires ne peut que
grossir un corps, sans y rien ajouter au point de vue de l'espèce.
De même, dans les êtres organisés, un seul individu représente
l'espèce aussi complètement qu'un grand nombre; l'espèce est
tout entière dans l'individu à l'état de germe comme dans l'individu pleinement développé. Dans un nombre indéterminé d'individus, il n'y a toujours qu'un même fond commun, qu'un même
type spécifique; tout individu n'est donc autre chose qu'une certaine espèce, marquée de l'empreinte individuelle et dont il peut
être regardé comme un véritable exemplaire.

On voit par là combien est inexacte et même fausse cette définition donnée si souvent de l'espèce, où elle est représentée comme
étant une collection d'individus, qui se ressemblent plus entre eux
qu'ils ne ressemblent aux autres et se perpétuent par la génération;
on confond en cela le procédé par lequel nous arrivons à constater
l'espèce, avec l'espèce elle-même. Ce n'est en effet que par la
comparaison de plusieurs individus que nous pouvons distinguer
en eux la forme individuelle de la forme spécifique; ce n'est aussi
qu'en nous assurant de la fixité de leurs caractères communs, que
nous pouvons séparer sûrement les individus d'une espèce de
ceux d'une autre; mais évidemment le fond commun à tous, c'est,
à-dire l'espèce, ne consiste pas dans la collection des individus,
puisqu'elle est tout entière dans chacun d'eux.

C'est en partant de ce faux point de vue qu'on est arrivé à se
représenter les espèces comme des assemblages d'individus, exactement comme les genres sont des assemblages d'espèces, et les familles des assemblages de genres; tandis que l'idée d'espèce cor-

respond à celle d'être, de substance existante et déterminée, et que l'idée de genre correspond à celle d'ordre ou d'enchaînement dans les êtres. Les genres ne sont autre chose que les lois d'après lesquelles les espèces sont unies les unes aux autres; ils expriment simplement la gradation qui existe dans les êtres. Cette fausse assimilation de l'espèce au genre, fait aussi que l'on regarde à tort la démarcation des genres comme devant être plus profonde et plus effective que celle des espèces. A la vérité, les genres doivent être séparés par des caractères plus importants que ceux des espèces; mais on ne doit pas pour cela assimiler en aucune façon leurs limites réciproques à celle qui sépare les espèces, puisqu'ils ne sont que des êtres de raison, tandis que les espèces sont des êtres réels. Il existe bien certainement des genres, des familles, des classes, c'est-à-dire des lois, des degrés divers, selon lesquels tous les êtres de la création s'unissent et s'enchaînent pour constituer l'ordre universel ; mais la loi d'après laquelle les êtres se distinguent les uns des autres est certainement tout autre que celle d'après laquelle ils se combinent. L'idée d'unité n'est pas l'idée de diversité; ces deux idées, considérées en elles-mêmes, sont, au contraire, exclusives l'une de l'autre.

On conçoit que les formes typiques puissent se combiner les unes aux autres, sans changement dans leur nature intime, de telle sorte que les plus simples deviennent les éléments d'autres plus complexes, qui les absorbent dans leur unité par leur énergie propre, manifestée par des lois spéciales de développement ; on conçoit encore comme possible l'anéantissement des formes spécifiques; mais ce qu'on ne saurait concevoir, c'est une transformation ou mutation quelconque dans ce qui constitue leur essence même. Toute forme essentielle correspond à une idée ; or, une idée ne peut devenir une autre idée, sans cesser d'être ; elle est ce qu'elle est, ou elle n'est pas. Admettre que ce qui est essentiel à un être, ce qui fait qu'il se distingue comme espèce de toutes les espèces existantes et possibles, et comme individu de tous les individus existants et possibles, peut être changé, c'est admettre qu'une même chose peut être essentielle et ne l'être pas, c'est-à-dire une contradiction radicale, une impossibilité évidente. Si l'on est tenté de soutenir, au contraire, qu'il n'y a rien d'essentiel dans les êtres, on est conduit par cela même à nier l'être, la substance, toute réalité objective; conséquence encore plus directement opposée au sens commun qui nous force de reconnaître en dehors de nous, non pas seulement des apparences ou de simples modalités, mais des êtres réels, véritablement distincts les uns des autres et de nous.

Cette idée qu'un de nos plus grands naturalistes, Geoffroy St.-Hilaire, s'est efforcé de mettre en lumière par ses éloquents écrits, d'après laquelle le monde pourrait être considéré comme une vaste unité, et le règne animal spécialement comme un seul être en voie de formation, toutes les espèces étant étroitement unies les unes aux autres, et leur apparition ainsi que leur développement successif s'opérant suivant une progression toujours ascendante; cette idée, disons-nous, est belle sans doute et fort juste, si on ne voit dans l'unité des êtres qu'une simple abstraction, exprimant l'ordre et l'harmonie générale des choses. Mais si, à l'exemple de quelques philosophes, on vient à réaliser cette abstraction et à regarder cette unité ainsi conçue, non plus comme une image, mais comme une unité de type, si l'on conclut des termes intermédiaires qui nous conduisent par des passages presque insensibles, dans le règne animal depuis le Polype jusqu'à l'Homme, et dans le règne végétal depuis l'Algue et la Mousse jusqu'au Chêne et au Poirier, qu'ils sont le produit d'une même cause spécifique et substantiellement identiques; on tombe dans un paralogisme aussi contraire à la raison qu'à l'expérience : contraire à la raison, car elle nous force à reconnaître un principe de diversité au fond des êtres correspondant à la diversité des attributs qui les manifestent ; contraire à l'expérience, puisqu'elle constate l'existence simultanée dans les mêmes milieux d'êtres présentant des différences constantes, différences qui deviendraient des effets sans causes, s'il ne fallait pas reconnaître, indépendamment de l'action des milieux, celle de la forme propre à chaque être, qui préexiste à son développement, le constitue ce qu'il est, et fait qu'on le distingue de tous les autres. Avec cela, il est incontestable que la diversité des organismes est dans un certain rapport avec les milieux que les êtres doivent habiter; et il est vrai que toutes les différences qui les séparent sont déterminées par une double cause finale, l'une relative aux milieux, l'autre, qui est dominante, relative aux lois de l'ordre général; ce qui revient à dire en d'autres termes que tout être est créé pour une fin particulière, qui est d'habiter dans un certain lieu, et pour une fin principale, qui est de tenir sa place dans la hiérarchie ou l'enchaînement de tous les êtres.

L'unité et l'immutabilité des formes typiques étant démontrées, la constance absolue des caractères qui les manifestent, pris dans leur ensemble, en résulte comme conséquence rigoureuse. Il est évident en effet que le développement de chaque forme primitive diverse, doit s'opérer suivant un mode également divers, et que la variété qui est en elles doit se reproduire dans leurs organes essentiels, dans ceux au moyen desquels chaque individu d'une espèce pourvoit à sa conservation et à celle de l'espèce. La constance des caractères, tel doit être pour nous le signe distinctif de l'espèce, telle est aussi la base des classifications, où la valeur des caractères est toujours déterminée par leur constance dans une série d'êtres, c'est-à-dire par leur généralité. La constance des caractères dans chaque espèce, ne pouvant être supposée relative à telle ou telle circonstance, est donc absolue; on ne saurait concevoir en effet de mutation quelconque dans ce qui est la véritable expression, la condition même d'existence d'une essence immuable par nature. Seulement la raison conçoit la possibilité, et l'expérience démontre la réalité de modifications nombreuses, chez les individus des diverses espèces, dont les unes sont dues au principe d'individualité, les autres à l'inégalité de développement dans les individus, c'est-à-dire à l'action des causes tant intérieures qu'extérieures qui peuvent influer sur ce développement, soit pour l'entraver, soit pour le favoriser. De là toutes ces déviations accidentelles ou permanentes du type, ces monstruosités qui se rencontrent souvent chez les êtres, et qui nécessairement sont toujours compatibles avec ce qu'il y a d'essentiel dans leur forme spécifique ainsi que dans leur forme individuelle. Ces modifications sont d'autant plus variées et plus frappantes qu'on les observe chez des êtres plus élevés dans l'organisation; mais elles sont toujours telles que la nature de l'être les comporte, tant qu'il continue d'exister.

Il arrive souvent aussi que plusieurs individus, qui ont été également soumis pendant toute la durée de leur développement à certaines influences, présentent quelques traits communs, par lesquels ils se distinguent de tous ceux de la même espèce qui n'ont pas subi ces mêmes influences. Dans ce cas, ces différences constituent ce qu'on nomme une variété; elles ne portent que sur des organes tout-à-fait accessoires, ou si elles touchent aux organes plus essentiels, elles ne les affectent jamais profondément. En second lieu, elles n'ont pas de stabilité et cessent avec les circonstances qui les ont produites, ou, si l'altération opérée dans le développement a pris chez l'individu une certaine fixité, elle disparaîtra complètement chez les individus qui lui succèderont et ne seront pas soumis à l'action des mêmes causes de déviation.

Indépendamment de ces deux sortes de modifications de l'espèce, les unes purement individuelles, les autres communes à un certain nombre d'individus, il en existe une troisième, beaucoup plus rare et qui n'appartient qu'aux êtres placés au sommet de l'échelle dans l'organisation; c'est celle qui a pris le nom de race. Elle se présente lorsque les modifications des individus se transmettent à leurs descendants, alors même qu'une partie des causes qui les ont produites a cessé d'exister. Dans ce cas, comme dans celui qui précède, la modification n'imprime jamais aucune atteinte aux organes caractéristiques de l'espèce, considérés dans leur ensemble;

mais seulement elle a pris un degré de fixité de plus. Il est évident que cette fixité ne saurait avoir un caractère de valeur absolue; tous les faits de l'expérience sagement interprétée démontrent qu'en effet elle ne l'a pas, qu'elle est toujours relative à telle ou telle des circonstances qui l'ont produite et dont l'influence continue d'exister, que, en l'absence de toute cause agissante, la variété tend à disparaître graduellement, pour laisser s'effectuer le retour à l'état normal du type spécifique dans toute son intégrité.

Il résulte de là, que, si la constance des caractères est la marque qui nous sert à reconnaître les espèces, et si tous les faits analogues produits constamment dans les individus de la même espèce doivent être justement considérés comme dépendants d'une cause inhérente à la forme essentielle qui les constitue, il peut néanmoins exister des cas où cette constance n'est pas d'une appréciation très-facile par l'expérience. On doit tenir compte de toutes les circonstances susceptibles de produire chez certains individus des altérations ou changements organiques plus ou moins durables; et dans les cas où l'expérience qui est de sa nature limitée et incomplète ne pourra donner des résultats certains, le complément de la certitude sera obtenu par les analogies tirées de l'étude des êtres qui sont évidemment placés dans leurs conditions normales d'existence et de développement. Ainsi, lorsque les différences caractéristiques d'espèces supposées telles se montreront tout à fait équivalentes, dans le détail comme dans l'ensemble, à celles qui séparent d'autres espèces véritables qui n'ont pu être modifiées par aucune cause particulière, puisqu'elles existent et se perpétuent simultanément dans les mêmes lieux ou dans des milieux identiques, il sera impossible de douter qu'elles soient effectivement telles qu'on les suppose et par conséquent qu'elles soient toute autre chose que des variétés ou des races dérivées d'un type unique.

Maintenant que, après avoir examiné la nature de l'espèce considérée en elle-même, antérieurement à tout développement, nous avons établi l'immutabilité des types spécifiques sur le fondement solide des conceptions rationnelles, et fait résulter de là, comme conséquence, la fixité absolue des caractères par lesquels ils manifestent leur existence, il nous reste à interroger l'expérience dans l'ordre des faits qui se rattache à la question spéciale que nous avons à traiter. L'accord, l'identification des faits avec les idées est le complément indispensable de la connaissance ; le fait doit toujours vérifier l'idée. Mais il faut remarquer que, comme les lois des êtres ne peuvent être contraires à celles de la pensée, et que l'expérience ne donne jamais des résultats d'une valeur absolue, puisqu'elle est limitée dans son champ d'étude, s'il arrive que certains faits paraissent contredire les conceptions nécessaires et évidentes de la raison, ils devront toujours être rejetés, et l'on pourra très-bien conclure que, sur ces points, l'expérience est incomplète ou fausse, par conséquent en appeler à une expérience nouvelle, faite dans de meilleures conditions.

Avant de commencer cette revue des faits, examinons d'abord quelles sont les opinions les plus généralement admises sur la question qui nous occupe. Plusieurs de ceux qui ont fait des recherches sur l'origine des arbres fruitiers, vignes, légumes et autres végétaux des cultures, étant frappés de leur prodigieux accroissement en nombre, surtout depuis le commencement de ce siècle, ainsi que de beaucoup de faits cités qui semblent établir que chaque jour des variétés nouvelles sont créées par les soins d'une culture intelligente, ont été portés à conclure de là qu'il y avait effectivement création de nouvelles variétés. Comme plusieurs des variétés anciennes paraissent constantes et qu'il est démontré qu'elles peuvent se reproduire de leurs graines, aussi bien que de véritables espèces, ils ont dû croire que les variétés nouvelles, étant tout-à-fait analogues aux anciennes, ne pouvaient manquer d'être constantes comme elles, ou du moins d'acquérir cette constance après un certain laps de temps. D'un autre côté, ayant reconnu que plusieurs des variétés cultivées sont aussi faciles à distinguer que beaucoup d'espèces sauvages regardées comme des types distincts, leur constance étant admise, il n'y a plus eu pour eux moyen de douter qu'il n'y ait véritablement création de nouvelles espèces, dues à l'action du sol, du climat, de l'hybridité ou de toute autre cause susceptible d'altérer le type primitif.

D'autres, sans révoquer en doute absolument la possibilité de la transformation d'un type en de nouvelles espèces, ont pensé cependant qu'on pouvait avec plus de vraisemblance admettre que bien des espèces sauvages considérées comme telles par les naturalistes, n'étaient pas de vraies espèces, mais des sous-espèces ou des races produites par des causes inconnues et dont les types auraient disparu. Cette dernière opinion a été surtout celle des hommes qui étaient très-peu versés dans la connaissance des espèces sauvages, et avaient donné plus d'attention aux espèces cultivées. D'autres, qui s'étaient livrés, au contraire, avec un soin particulier à l'étude des espèces sauvages et avaient négligé tout-à-fait celles des cultures, étant frappés de la persistance des caractères chez les premières, quelle que soit d'ailleurs l'affinité qui les rapproche et la similitude des circonstances où elles sont placées, remarquant qu'il n'a jamais été constaté que les individus d'une espèce aient donné naissance à une autre, et que, quelle que soit l'étendue de leurs modifications, ils diffèrent toujours moins les uns des autres que de ceux des autres espèces, ont repoussé complètement l'assimilation des végétaux cultivés aux plantes sauvages, et ont prétendu qu'on ne devait les regarder que comme des races parfaitement analogues à celles de nos animaux domestiques, dont toutes les différences pouvaient être attribuées à cette influence extraordinaire que possède l'homme pour modifier les êtres soumis à son empire. Tout en admettant implicitement la possibilité d'une mutation des types spécifiques à l'état sauvage, dans une époque antérieure à la nôtre ou dans des circonstances tout autres que les circonstances actuelles, ils ont considéré l'immutabilité de l'espèce dans les conditions présentes

comme étant établie incontestablement par l'accord de tous les
faits connus et avérés qui sont à notre portée.

Ces diverses opinions, toutes basées exclusivement sur l'étude
des faits, sur les données expérimentales, ont pour caractère
commun un fond de septicisme, qui se résout dans cette pensée
que nous ne pouvons arriver, par nos moyens de connaître, à distinguer avec certitude ce qui est une espèce de ce qui n'en est pas
une, ou que l'espèce manquant de valeur objective ne serait limitée que suivant nos propres conceptions. Par le défaut de principes certains auxquels ils puissent être rattachés, les faits, dans
leurs contradictions apparentes, restent comme enveloppés d'un
nuage qui nous permet difficilement de les apprécier avec exactitude, d'en observer la liaison et d'en tirer toutes les conséquences
utiles qu'ils renferment. L'expérience dépourvue de règle fixe et
livrée aux tâtonnements se voit souvent réduite à douter de ses
propres conquêtes, et elle manque de garanties solides pour ses
progrès futurs.

La solution expérimentale de la question de l'origine des végétaux cultivés dépend, ainsi que nous l'avons déjà fait remarquer,
d'une connaissance exacte et approfondie de ces végétaux. Comment en effet juger de la valeur des caractères qui les distinguent,
si l'on ne commence d'abord par faire une étude de ces caractères,
non pas seulement de ceux qui nous intéressent par leur relation
avec nos goûts et nos besoins, mais de ceux-là surtout qui tiennent à la forme spécifique des végétaux et qu'on nomme caractères
scientifiques ? Or, cette étude, au point de vue de la science, des
végétaux des cultures, est encore à faire ; car il n'existe pas aujourd'hui de flore contenant la classification méthodique ainsi que
la définition rigoureuse de toutes les formes cultivées, où l'on
montre par un examen comparatif de tous leurs organes quelles
sont les vraies différences qui les séparent. En ne tenant pas
compte de quelques travaux tout-à-fait partiels et d'autres d'une
valeur scientifique presque nulle, on peut dire que jusqu'ici per-

sonne n'a entrepris de faire une étude sérieuse et méthodique des végétaux des cultures; personne surtout que nous sachions ne s'est appliqué à l'examen comparatif des différences qu'ils présentent dans leurs deux états opposés, l'état de perfectionnement par la culture et l'état de dégénération ou état sauvage (pour nous servir des termes que l'usage a consacrés). Cependant il est certain que, sans l'étude de ces sauvageons, il est impossible d'arriver à une bonne classification ainsi qu'à une délimitation exacte des espèces fruitières et autres.

Nos arbres fruitiers n'ayant pas encore été mis à l'étude par les savants, qui les ont rejetés plutôt du domaine de la science, il en résulte que l'on ne sait rien, nous ne disons pas seulement sur l'état ancien, mais même sur l'état actuel de ces végétaux; les données scientifiques sur ce point sont d'une nullité presque complète. C'est là une ignorance regrettable sans doute et qui devrait cesser, puisqu'il y va de l'honneur de la science, et que des industries importantes, celles de l'horticulture et de la viticulture, sont directement intéressées à l'avancement de cette étude. Mais enfin, puisqu'il en est ainsi, il est évident qu'il n'y a pas de solution bien rigoureuse possible, au point de vue expérimental, de la question qui nous occupe ; et dès lors, il y a lieu de s'étonner que tant d'hommes éminents, tant d'horticulteurs habiles, aient cru pouvoir établir des systèmes à ce sujet, sans comprendre qu'ils manquaient des données les plus indispensables pour une solution quelconque. Ce fait qui peut paraître étrange demande une explication : la voici, selon nous. Les horticulteurs et presque tous les savants qui se sont occupés de ces questions, étant eux-mêmes généralement peu versés dans les connaissances botaniques, et trouvant, dans les écrits des hommes qui sont considérés comme les maîtres de la science, des jugements arrêtés, des opinions formulées, au sujet des végétaux des cultures, ont dû naturellement accepter ces jugements comme le résultat de l'examen d'hommes tout-à-fait compétents, et comme exprimant le véri-

table état de la science ; dans certains cas où les faits paraissaient
contredire ces opinions reçues, ils ont cru devoir se retrancher
dans leur incompétence scientifique et imaginer quelques hypothèses plus ou moins vraisemblables, susceptibles de mettre les
faits d'accord avec la théorie qui exprimait à leurs yeux l'opinion
des botanistes. Ces hypothèses ainsi nécessitées étant une fois admises et acceptées sans contrôle, les esprits s'y sont accoutumés ;
bientôt elles ont servi de règle pour juger les faits ultérieurs et
ont pris dans l'opinion commune la valeur de faits véritables.
D'un autre côté, les botanistes ayant négligé l'étude des végétaux
cultivés et en général peu approfondi les questions qu'ils soulèvent,
s'en sont tenus sur leur compte aux jugements émis par ceux qui
les avaient précédés ; ils ont également accepté comme des données positives les assertions des horticulteurs, sans en vérifier la
valeur. C'est ainsi que, par le défaut d'investigations sérieuses et
de connaissance des faits, la science est restée stationnaire sur ce
point.

Pour se rendre compte de cet état de choses et apprécier les
causes de l'incertitude où l'on est encore au sujet de la valeur
comme espèces de la plupart des végétaux cultivés, il est utile de
jeter ici un coup d'œil sur la marche de la science et d'examiner
les progrès qu'ont faits l'étude et la connaissance des espèces.

Il n'y a guère plus d'un siècle que les espèces ont commencé
à être définies et délimitées avec une certaine rigueur. Le grand
naturaliste suédois, Linné, par la création de la nomenclature
botanique, s'est rendu en quelque sorte le législateur de la science ;
en appliquant à chaque espèce de plantes un nom séparé, accompagné d'une description qui exprimait en termes absolus
ses caractères distinctifs, il a contribué plus que tous ses devan-
ciers à donner une idée exacte de la nature des espèces et à faire
sentir l'importance de leur étude. Mais, comme sa pensée dominante était de populariser la science, de la rendre d'un accès facile à tous en la simplifiant, il s'est appliqué dans ses ouvrages

à représenter les espèces comme nettes et tranchées, plutôt qu'à mettre sur la voie d'une exactitude rigoureuse dans l'appréciation de leurs vrais caractères et dans leur définition. Ce but de ses efforts était louable sans doute; cependant on peut dire qu'il n'aurait dû être pour lui que secondaire; car dans toutes nos recherches, la vérité est la fin suprême à laquelle toute autre fin doit être subordonnée. Linné, ne prenant pas pour appui des expériences qui étaient encore à faire, ni des principes philosophiques qui auraient laissé insolubles beaucoup de questions de faits, est parti d'un point de vue purement systématique pour délimiter les espèces. Un petit nombre de caractères tranchés, susceptibles d'être exprimés par une phrase courte, tels devaient être pour lui les attributs d'une espèce; dès lors, toutes les formes végétales dont les différences n'étaient pas très-frappantes à première vue, toutes celles surtout qui ne pouvaient être très-facilement et très-sûrement reconnues sur un fragment desséché, conservé dans un herbier, étaient exclues du rang d'espèces; elles devaient être dans ce cas rapportées comme variétés aux espèces les plus voisines, ou bien confondues plusieurs ensemble identiquement sous une dénomination commune, et comprises ainsi dans la définition d'un type abstrait, qui dans sa généralité pouvait embrasser toute une série de formes profondément distinctes, comme des études ultérieures et des expériences positives l'ont fait reconnaître depuis dans beaucoup de cas. Il résulte donc, comme conséquence du point de vue où s'était placé Linné, que la plupart des définitions d'espèces données par lui doivent pécher par excès de généralité.

Lorsque l'application de la méthode philosophique faite par A. L. de Jussieu, vint donner comme une nouvelle impulsion à la science, en montrant quel était son objet véritable, en faisant en même temps sentir que la classification ne devait pas être arbitraire, mais qu'elle devait reposer sur la connaissance exacte des faits et en exprimer l'ordre et l'enchaînement, tel qu'il est réalisé au sein de l'univers, le système de Linné, qui d'abord avait été suivi universellement, commença à être abandonné peu à peu; mais pendant longtemps, la plupart des botanistes qui avaient adopté les principes de la méthode naturelle pour la classification des végétaux, continuèrent à suivre la marche de Linné pour l'étude des espèces. Ce ne fut que plus tard que, les esprits étant sur la voie du progrès véritable, on commença à sentir la nécessité de rectifier et de réformer par la base tous les travaux entrepris suivant une direction tout opposée. La critique botanique fit porter ses investigations jusque sur les décisions du maître tenues jusque-là pour des oracles. On fit appel à l'expérience, et l'on reconnut bientôt qu'un bon nombre des espèces établies par Linné ne correspondaient pas à des êtres réellement existants, mais à des aggrégations d'êtres divers, essentiellement distincts. Le nombre des espèces, qui s'était déjà accru considérablement par l'exploration des contrées jusque-là peu visitées, vint s'accroître encore dans une forte proportion par les travaux de la critique appliquée à l'étude des contrées qu'on pouvait croire suffisamment connues. Un examen des organes caractéristiques fait avec précision et méthode, joint aux expériences les plus positives, démontra qu'il existait une foule d'êtres jusque-là méconnus par la plupart des botanistes, dont les différences, quoique légères en apparence, étaient cependant effectives et profondes.

Il fut donc établi que, s'il y avait des espèces d'apparence fort tranchée, il en existait d'autres et en très-grand nombre qui ne pouvaient être distinguées très-sûrement qu'à l'état de vie, et dont l'étude ne pouvait être faite avec succès que par des hommes très-exercés et très-attentifs. Dès lors, il devint aisé de comprendre comment une foule de jugements portés, de déterminations établies cependant par des hommes très - habiles, mais sur des fragments de plantes desséchés et incomplets, pouvaient être fausses et devaient être en conséquence soumises à des vérifications.

Cette réforme qui consiste uniquement dans une application plus exacte et plus rigoureuse de la méthode dite naturelle ou philosophique à l'étude des espèces, et qui doit offrir un champ très-vaste d'investigations nouvelles aux amis sincères de la vérité scientifique, n'est point ancienne ; elle s'opère de nos jours et rallie par degrés tous les bons esprits. Mais de même que la classification naturelle, dont la supériorité sur l'ancien système était cependant bien évidente, a trouvé longtemps de l'opposition chez beaucoup de sectateurs de Linné accoutumés aux anciennes idées et y tenant avec opiniâtreté, cette nouvelle application de la méthode philosophique à l'étude des espèces est combattue par un certain nombre d'hommes à esprit étroit et arriéré, qui, n'ayant dans le cœur qu'un bien faible amour pour la science, ne peuvent se résoudre à quitter l'ornière qu'ils ont suivie jusque-là, et opposent une résistance au progrès plutôt par esprit de routine que par l'effet d'une conviction raisonnée. Il en est même qui, dominés par l'appréhension de nouveaux labeurs et peut-être aussi par une fausse honte, ferment volontairement les yeux à l'évidence, plutôt que d'avoir à rectifier leurs premiers jugements ou à réapprendre ce qu'ils croyaient avoir déjà très-bien appris.

Si les jugements anciennement formulés dans nos livres de botanique sont déjà contrôlés et rectifiés par la critique en ce qui regarde les espèce sauvages, ils doivent l'être également et à plus forte raison pour les espèces des cultures, qui ont été jusqu'ici l'objet d'un examen très-superficiel de la part des hommes dont l'autorité a constitué la science. De même qu'il se trouve souvent que plusieurs des espèces sauvages décrites dans les ouvrages de ces auteurs, représentent chacune dans la nature un grand nombre d'espèces distinctes, il ne peut manquer d'arriver aussi quelquefois que les espèces cultivées des mêmes auteurs ne correspondent également à un nombre considérable de types différents, réunis et confondus sous le même nom. S'il est incontestable qu'une foule de plantes sauvages sont restées longtemps méconnues par les botanistes, à cause de l'imperfection de la méthode, quoiqu'elles fussent placées pour ainsi dire sous leurs yeux et dans leur champ d'étude, c'est-à-dire dans les lieux le plus à leur portée et le plus souvent visités par eux, il doit être permis d'assurer comme un fait infiniment probable, qu'il existe également parmi les végétaux cultivés un grand nombre d'espèces nécessairement confondues, par suite du même point de vue systématique, d'autant plus que leur étude a été complètement délaissée.

Si l'on songe, en prenant la France pour exemple, qu'il existe peut-être encore un quart ou un cinquième des espèces sauvages de ce pays à faire connaître, qu'il y a telle ou telle espèce de Linné qui correspond non pas à deux ou trois espèces, mais à une véritable accumulation d'êtres profondément distincts, quoique très-semblables en apparence, croissant et se perpétuant spontanément dans des conditions absolument identiques ou dans les mêmes lieux, il n'est pas possible de douter que l'étude méthodique des végétaux cultivés ne fasse distinguer pareillement des espèces véritables en très-grand nombre, là où l'on croyait n'en voir que quelques-unes. Cette étude ne peut être faite que par des hommes à la fois botanistes et horticulteurs, très-versés comme botanistes dans la connaissance des espèces sauvages, surtout de ces espèces que les travaux récents de la critique font apparaître, les ayant étudiées dans la nature et à l'état de vie, plutôt que dans les herbiers, et ayant acquis par une longue expérience la connaissance des modifications dont les plantes sont susceptibles dans leurs divers organes; car c'est surtout de l'analogie des faits qu'on observe dans l'état spontané des plantes, qu'il faut s'aider pour bien juger ceux que peut offrir l'état de culture.

Comme il n'existe pas de travaux accomplis sur les végétaux des cultures, où la méthode naturelle ait reçu son application rigoureuse, on voit qu'il est impossible d'apprécier avec exactitude la valeur de chacune des formes inscrites sur les catalogues de l'horticulture; il semble même qu'il serait inutile de s'enquérir de leur origine; car avant de rechercher ce que telle ou telle plante a pu et dû être, il faut savoir d'abord ce qu'elle est actuellement, ce qu'elle est par rapport aux autres végétaux connus. Cependant, comme l'esprit ne saurait rester en suspens, et que, à défaut de données complètes, il s'appuie sur les faits divers qui sont à sa portée pour en tirer des conséquences, afin, sinon d'atteindre, au moins d'entrevoir la solution qu'il cherche, il convient de s'enquérir avec soin de tous les faits connus, et de soumettre à un examen critique ceux qui servent de base aux opinions les plus accréditées, dont nous avons à apprécier la valeur. Nous prendrons donc les connaissances actuelles au point où elles se trouvent; les faits connus, étant bien constatés et en même temps éclairés par la théorie rationnelle, nous serviront à formuler l'opinion la plus vraisemblable sur l'état présent et passé des végétaux cultivés, ainsi que sur la nature des améliorations dont ils sont susceptibles dans l'avenir.

Un fait frappe tout d'abord l'attention; c'est celui de l'accroissement considérable en nombre des végétaux cultivés, depuis un petit nombre d'années; ce fait, qui est considéré comme une preuve de la création de nouvelles espèces, selon les uns, de variétés ou races nouvelles, selon d'autres, mérite un examen sérieux; nous avons d'abord à le constater.

Si l'on consulte les données historiques, en remontant aux temps les plus anciens, on ne trouve pas de renseignements détaillés sur le nombre des fruits qui étaient connus alors. Homère, Hésiode, Hérodote, Diodore, etc., nous ont laissé de brillantes descriptions des jardins les plus célèbres de l'antiquité héroïque, sans nous faire connaître avec détail les diverses espèces de fruits qui s'y trouvaient. Homère cite seulement le poirier parmi les arbres du jardin d'Alcinous. Pline, au commencement de l'ère chrétienne, dans l'énumération qu'il fait des fruits connus de son temps, cite 43 variétés de poiriers, 29 de pommiers, 11 de pruniers, 8 de cerisiers, 4 de pêchers. Il est probable qu'il avait

seulement en vue les variétés les plus tranchées ou les plus estimées. La plupart de ces fruits n'étaient connus que depuis peu de
temps en Italie, où ils avaient été apportés à une époque peu
antérieure à l'ère chrétienne, lorsque les Romains avaient soumis
à leur domination plusieurs des provinces de l'Asie. De l'Italie,
les arbres fruitiers ainsi que les vignes se répandirent dans les contrées occidentales de l'Europe soumises aux Romains ; mais les
renseignements nous manquent sur l'état des cultures jusqu'au
XVIe siècle. Olivier de Serre, qui vivait sous le règne de François Ier,
cite 61 poires et 50 pommes. De son temps on ne connaissait que
200 variétés de fruits. La Quintinie, sous Louis XIV, en signale
beaucoup plus qu'Olivier de Serre. Duhamel, un siècle plus tard,
en énumère encore bien davantage. Mais c'est surtout depuis la
fin du dernier siècle jusqu'à nos jours, que le nombre des fruits,
vignes, légumes, s'est accru d'une manière prodigieuse ; il s'élève
aujourd'hui à plus de deux mille.

On se demande d'où sont sortis tant de fruits qui étaient
inconnus auparavant, et l'on est amené à supposer qu'il y a eu
création de nouvelles espèces, ou tout au moins de nouvelles
races. Cette hypothèse qui se présente naturellement à l'esprit,
n'est cependant rien moins qu'exacte, et il suffit de considérer
l'état peu avancé de la science aux temps passés et même de nos
jours, pour reconnaître qu'elle ne repose que sur des apparences
trompeuses. En prenant pour exemple les plantes sauvages, nous
voyons leur nombre croître dans la même proportion que celui des
plantes cultivées, dans les ouvrages qui les mentionnent, sans qu'il
faille conclure de ce fait qu'il y a eu formation de nouvelles espèces.
Dioscoride, qui vivait au commencement de l'ère chrétienne, porte
à 700 le nombre des espèces qui lui étaient connues. Depuis lui
jusqu'au XVIme siècle les travaux sur les plantes eurent peu d'importance ; mais à partir de cette époque, l'attention s'étant tournée
vers leur étude, les recherches se multiplièrent et l'on vit s'accroître
rapidement le nombre des espèces végétales. Linné portait à 8000

le nombre des plantes connues, et évaluait au plus à deux ou trois fois ce nombre la totalité de celle du globe. De Candolle, dans les premières années de ce siècle, estimait d'après des calculs très fondés en apparence, que le nombre total des végétaux du globe pouvait s'élever de 110 à 120 mille. Aujourd'hui que le nombre des espèces signalées atteint déjà ce chiffre, il est impossible de douter qu'on ne connaisse au plus la moitié de celles qui pourront être un jour distinguées, quoiqu'il paraisse certain que la plus grande partie des formes tranchées du règne végétal soit maintenant connue.

On voit déjà par cet exemple qu'on ne peut pas conclure absolument du fait de l'accroissement en nombre des végétaux cultivés, qu'il y a eu création correspondante d'espèces ou races nouvelles. Le soin qu'on a mis partout de nos jours à rechercher et à distinguer les variétés existantes dans chaque contrée, a dû les faire paraître bien plus nombreuses qu'on ne le supposait d'abord. Ensuite si l'on songe à la facilité avec laquelle s'opère de nos jours l'échange de tous les produits des divers pays, par suite du perfectionnement des moyens de transport et de l'extension du commerce, on devra comprendre comment il se fait que des fruits ou légumes cultivés autrefois sur quelques points, tandis qu'ils restaient ignorés ailleurs, sont maintenant cultivés partout. Il y a eu, par l'effet de cette communication, de cet échange universel des produits, augmentation générale des richesses pour tous sous ce rapport. En outre, des végétaux dont la culture avait été longtemps négligée ou abandonnée, devenant l'objet de soins intelligents, de semis faits dans des conditions très favorables, ont pu, sans changer dans leurs caractères essentiels et distinctifs, acquérir une apparence qu'ils n'avaient pas auparavant et certaines qualités de grosseur ou de saveur, qui les ont fait juger dignes de figurer sur les catalogues du commerce, où ils n'étaient pas d'abord mentionnés.

A ces causes de l'accroissement en nombre des végétaux dans les cultures, il faut joindre celle de l'introduction de plusieurs espèces

sauvages découvertes dans les contrées nouvellement explorées,
qui ont pris rang parmi celles qu'on cultivait autrefois. Cette introduction ayant été faite ordinairement par des hommes qui
n'étaient rien moins que botanistes et ne s'attachaient aucunement
à une étude méthodique de tous les caractères des plantes, il est
arrivé bien souvent que, croyant apporter seulement divers
individus d'une même espèce, ils ont par le fait introduit plusieurs
espèces véritables, sans s'en douter. Plus tard, l'attention s'étant
portée sur leurs différences, on a reconnu qu'on possédait réellement
plusieurs formes pourvues de qualités distinctes et susceptibles
d'êtres multipliées indéfiniment, auxquelles on a été forcé de
donner des noms. Comme la tradition assurait qu'on n'avait introduit dans l'origine qu'une seule espèce, on s'est cru obligé de
recourir à l'hypothèse d'une création de races opérée par la culture,
pour expliquer le fait de la diversité actuelle des formes ; tandis
que cette diversité qui avait toujours existé, était restée simplement
méconnue, par l'effet d'une appréciation erronée de la valeur
spécifique des individus apportés à l'origine. Lorsqu'il est maintenant démontré que des savants du premier ordre, tel qu'était
Linné, ont pu, par suite de l'imperfection de la méthode, confondre
comme identiques un grand nombre d'êtres essentiellement distincts, il n'est pas étonnant que des hommes qui n'avaient pas
même de connaissances en botanique, aient pris pour une seule
espèce des individus appartenant à des espèces très-voisines par
l'affinité des caractères. Cette erreur de leur part est vraisemblable;
nous dirons plus, il est impossible qu'elle n'ait pas été souvent
commise par eux.

Ces diverses considérations expliquent très-bien le fait de
l'augmentation du nombre des végétaux dans les cultures, et l'apparition de tant de fruits nouveaux dans le commerce; elles montrent que l'hypothèse de la création de nouvelles races à laquelle
ce fait a donné lieu est au moins inutile, puisqu'elles suffisent
pour en rendre compte. Ainsi donc, il est certain qu'il y a eu

augmentation d'espèces ou de races dans les livres de la science, dans les catalogues du commerce; mais rien ne prouve qu'il y ait eu augmentation correspondante dans la réalité des choses, c'est-à-dire qu'il y ait eu des créations nouvelles.

Il est un autre point de vue, qui est de nature à faire impression sur l'esprit des hommes qui ne sont pas à portée de se livrer à un examen approfondi des faits de détail; c'est celui de l'analogie qui semble exister entre les races des animaux domestiques et les variétés des végétaux cultivés. On se demande pourquoi l'action de l'homme, qui est reconnue si puissante pour modifier les races d'animaux ou les multiplier par des croisements, ne le serait pas autant pour modifier et multiplier celles des végétaux. On peut répondre à cela, d'abord, que l'analogie n'est qu'apparente; ensuite, qu'il n'est pas logique d'attribuer à l'homme autant d'influence sur les végétaux pour les modifier, que sur les animaux, puisque, d'une part, la simplicité beaucoup plus grande de l'organisation chez les végétaux comporte nécessairement moins de flexibilité dans leurs types spécifiques, et que de l'autre, la simplicité de leurs conditions d'existence et de développement donne à l'homme beaucoup moins d'action sur eux que sur les animaux.

A l'appui de cette dernière observation, il suffit de citer un fait bien connu. Les jardins botaniques offrent à nos yeux une multitude d'espèces de toutes les familles, provenant des climats et des sols les plus divers. Si la terre qu'on leur donne pour nourriture réunit toutes les conditions d'une terre excellente, on les verra presque toutes s'en accommoder parfaitement; quelques-unes seulement qui aiment l'humidité devront être préservées de la sécheresse; d'autres seront abritées de l'ardeur du soleil; d'autres enfin mises en garde contre l'abaissement de la température. Avec ces simples précautions et une nourriture presque identique, la plupart de ces plantes d'origines si diverses pourront se développer et même se perpétuer de leurs graines, pendant une suite de générations, sans perdre leurs caractères essentiels, sans éprouver même aucun changement de quelque importance. Ces faits se vérifient chaque jour sur tous les points de l'Europe où il existe des jardins botaniques ; et jusqu'ici l'on n'a jamais vu qu'une espèce ait donné naissance à une autre, ni constaté l'apparition d'une nouvelle race quelconque chez les végétaux de toutes les classes qu'on y cultive. Nous pouvons ajouter que nous avons cultivé nous-même pendant dix années, d'une manière tout-à-fait spéciale, un très-grand nombre de ces espèces dont les caractères sont réputés douteux parmi les botanistes, ou de celles auxquelles on attribue un tempérament très-variable ; nous les avons soumises à des semis réitérés, pendant tout cet espace de temps, et jamais nous n'avons pu saisir la moindre altération dans le type spécifique d'aucune d'entre elles. A part quelques cas d'hybridité et d'autres variations purement individuelles, nous n'avons pu constater chez les diverses espèces soumises par nous à la culture, que des modifications très-insignifiantes au point de vue de l'organisation et toujours complètement dépourvues de fixité.

Il résulte des faits les mieux constatés, que le sol a très-peu d'influence pour modifier les caractères essentiels des plantes et que le climat n'en a pas davantage. Le climat tue les plantes auxquelles il est contraire, mais il ne les change pas. Une plante placée dans un climat défavorable, si elle peut y vivre, n'atteindra qu'un développement imparfait ; ainsi on ne la verra pas fleurir, ou, si elle fleurit, elle ne pourra fructifier ; mais jamais elle n'éprouvera d'altération dans ses caractères spécifiques.

Les moyens d'action de l'homme sur les végétaux sont donc bien plus limités qu'on ne le suppose très-souvent. Ils peuvent se réduire aux suivants qui sont : le labour, le sarclage, l'engrais et l'hybridation artificielle, dont nous examinerons plus loin les effets. Par ces moyens, il est possible d'obtenir des modifications individuelles ou des variétés, en agissant sur un grand nombre d'individus, mais jamais des races héréditaires et fixes.

Il nous faut voir maintenant s'il est vrai qu'on ait en effet, pour considérer les végétaux des cultures comme des races dérivées d'un petit nombre de types primitifs, des raisons tirées de l'étude intrinsèque des faits, pareilles à celles qui nous font rapporter à une espèce unique les diverses races de chacun de nos animaux domestiques ou celles de l'homme, s'il existe en un mot le même rapport entre les végétaux cultivés et les végétaux sauvages, qu'entre les races des animaux domestiques et les espèces sauvages des mêmes classes. Il nous sera facile de montrer que ce rapport n'est pas le même, et que l'assimilation qu'on veut faire des races dans les deux cas est fausse de tout point.

D'abord il est constant que les races d'animaux domestiques n'ont pas leurs analogues parmi les espèces sauvages ; c'est-à-dire que les caractères qui servent à les distinguer ont moins d'importance dans la classification que ceux qui marquent la limite de ces dernières. M. Is. Geoffroy St-Hilaire dit, il est vrai, dans sa défense des opinions de son père, et d'autres ont avancé comme lui, que, si les naturalistes rencontraient des animaux sauvages avec des différences de forme aussi tranchées que celles de plusieurs de nos races domestiques, ils n'hésiteraient pas à en faire des espèces. On peut répondre à cela que les naturalistes auraient parfaitement raison de considérer comme espèces, des êtres à l'état sauvage de forme extérieure aussi distincte que le sont certaines races du Chien domestique, parce qu'ils pourraient et devraient supposer, avant tout examen ultérieur, que ces différences correspondent aux caractères essentiels, aux vrais caractères spécifiques, qui sont ceux de la dentition et de la connexion des os. En effet, l'observation a tou-

jours montré jusqu'ici que, chez les animaux sauvages, les différences extérieures de forme d'une certaine importance correspondaient à des différences ostéologiques ; tandis qu'il est reconnu, au contraire, que chez les races domestiques cette cor-
respondance n'existe pas, et que chez elles toutes les différences,
quelque frappantes qu'elles soient pour les yeux, ne portent
pas sur les organes vraiment caractéristiques de l'espèce, la
connexion des os et la dentition n'offrant, d'après Cuvier, aucune
différence appréciable dans les diverses races du Chien, qui est
celui de tous les animaux domestiques chez lequel les modifications de l'espèce ont l'apparence la plus tranchée. Il résulte de
là que le type de l'espèce n'est nullement altéré dans les diverses races des animaux domestiques, puisque les caractères essentiels restent intacts, et qu'il y a moins de différence réelle, effective, entre les deux races du Chien les plus tranchées de forme,
qu'entre les deux espèces sauvages de la même classe les plus
voisines, celles qu'on a souvent de la peine à distinguer aux
seuls caractères extérieurs.

En second lieu, quelles que soient les causes, autres que l'influence du climat et de la nourriture, qui aient pu produire les
différences actuelles des races d'animaux domestiques et celles des
races humaines, il est certain que leur fixité est purement relative,
puisqu'elles tendent à disparaître par l'effet des croisements ou
par celui d'un séjour prolongé dans des conditions d'existence
tout-à-fait identiques. Les causes qui conservent la distinction
actuellement existante parmi les races humaines sont évidemment
tirées de l'ordre moral ; ce sont en effet les différences de mœurs, de
religion, de langage, qui maintiennent l'isolement des divers peuples. En faisant abstraction de toutes ces causes morales, on ne
voit aucun obstacle physique à la fusion de toutes les races en
une seule, après un certain laps de temps, si on les suppose
toutes soumises aux mêmes conditions d'existence, sous le rapport du climat ou de la nourriture. De même il est impossible

de douter que ce ne soit la volonté de l'homme qui perpétue la
distinction parmi les races des animaux domestiques, en les
isolant entre elles et en les soumettant à des traitements variés.
Il y a tout lieu de croire, si on les suppose placées en dehors
de l'influence de l'homme, que le retour de chacune d'elles à
son type serait opéré d'une manière très-prompte, comme on
en a des exemples par quelques espèces domestiques qui sont
redevenues sauvages en Amérique.

Les races des animaux domestiques et les races humaines
n'ont donc qu'une fixité tout-à-fait relative et ne sont constituées
que par des caractères d'une importance secondaire. Il n'en est
point ainsi de ces végétaux des cultures, qu'on est porté souvent
à considérer comme des races. L'action du climat et de la
nourriture étant à peu près nulle pour modifier les végétaux,
ainsi que le montrent les expériences positives qui ont été faites,
et leur organisation étant en même temps beaucoup plus simple que celle des animaux, il s'ensuit que les altérations du type
spécifique doivent être moins profondes chez eux, et ne sont
pas susceptibles de devenir fixes et héréditaires au même degré.
Cependant, si l'on compare entre elles la plupart des variétés
d'arbres fruitiers, vignes, légumes, etc., on trouve que les
différences qui les séparent sont en tout équivalentes à celles qui
séparent les espèces sauvages des mêmes familles et souvent des
mêmes genres. Ces différences ne portent pas seulement sur des
organes accessoires, mais sur les organes les plus essentiels,
tels que le fruit et la graine; elles n'atteignent pas seulement
quelques organes, mais tous les organes, comme il est facile de
s'en convaincre par l'analyse. Pour justifier cette assertion, il
suffit de rappeler ce fait bien connu, que des horticulteurs exercés
savent parfaitement distinguer au bois, à la direction des rameaux, au feuillage et aux bourgeons, telle ou telle variété
d'arbres fruitiers, sans en voir les fruits.

En outre, ces différences, considérées dans leur ensemble,

ont une valeur au moins égale à celle de beaucoup d'espèces
sauvages, souvent même une valeur plus grande. Nous pour-
rions citer comme exemple diverses espèces sauvages du genre
Prunier, qui croissent spontanément dans les mêmes lieux et se
reproduisent intactes de leurs graines, ainsi que nous l'avons
constaté, dont les différences réelles dans tous leurs organes
sont cependant bien plus légères que celles d'une grande partie
des pruniers cultivés que l'on regarde comme des races provenant d'un seul et même type. Peut-on admettre avec quelque
apparence de raison que, tandis que l'influence de l'homme n'a
pu produire chez les animaux dont le type spécifique doit être,
en raison de sa complexité plus grande, plus variable ou plus
flexible que celui des végétaux, des altérations équivalentes en
réalité aux caractères qui distinguent les espèces sauvages, cette
même influence, en s'exerçant sur les végétaux, quoique dans
une limite bien plus restreinte, aurait produit cependant des
différences non seulement équivalentes, mais supérieures à
celles qui séparent les espèces sauvages? Conçoit-on qu'il puisse
exister des races qui seraient en réalité, selon tous nos moyens
de connaître, plus profondément distinctes que ne le sont de
vraies espèces? Cela est invraisemblable; nous dirons plus,
complètement inadmissible.

De même que la valeur des caractères, la fixité de ces prétendues races est égale à celle des espèces sauvages. Pour établir ce point, il y a une distinction importante à faire. Dans
l'état où se trouve la classification des végétaux des cultures, les
données phytographiques sur leur compte étant pour ainsi dire
nulles, puisque les botanistes ont laissé dans cette étude le
champ libre aux horticulteurs, les différences caractéristiques
de ces végétaux ont été généralement fondées sur leurs qualités
commerciales. Or, s'il en est plusieurs chez lesquels ces qualités se conservent ordinairement intactes par la génération, tels
que la plupart des pruniers, cerisiers, pêchers, vignes, etc.,

il en est d'autres où l'on voit ces qualités singulièrement amoin-
dries; tels sont notamment les poiriers et les pommiers. Le
semis des pepins d'une très-belle et bonne poire ne donne bien
souvent qu'une poire fort petite, de qualité inférieure, quelquefois plus ou moins acerbe; ce qu'on nomme alors un sauvageon.
Cependant il n'est pas moins vrai de dire qu'il y a fixité des caractères, même dans ce cas; d'abord parce que tous les caractères essentiels de forme dans le fruit et dans la graine se sont
conservés intacts; ensuite parce que tous les individus obtenus
du semis d'une même espèce sont identiques quant aux formes;
enfin parce que les sauvageons des diverses espèces sont toujours aussi distincts les uns des autres que l'étaient leurs ascendants, le sauvageon d'une espèce de poire ou de pomme ne
pouvant jamais être confondu avec celui d'une autre espèce. Ce
sont là des faits qu'il nous a été donné de constater nous-même
de la manière la plus positive, ayant élevé de graines un grand
nombre d'espèces de poiriers, pommiers et autres arbres à
fruit.

Il y a donc fixité absolue dans les caractères essentiels de forme,
chez la plupart des végétaux des cultures que l'on désigne sous
le nom de races; cultivés de la même manière que les diverses
espèces sauvages, ils se comportent exactement de même, et
doivent être par conséquent regardés comme de vraies espèces
au même titre. Si l'on était tenté de croire que les plantes sauvages qui ont servi de point de comparaison, n'étaient elles-
mêmes que des variétés ou des races, n'offrant pas des caractères assez tranchés pour qu'on puisse les considérer comme
des espèces, il suffirait de faire observer que les espèces sauvages
de mêmes genres, qui présentent la plus grande affinité, sont
précisément celles qui croissent et se perpétuent invariablement
dans des conditions identiques, dont les différences, quelque
légères qu'elles paraissent, ne peuvent par conséquent être attribuées aux milieux, les milieux étant les mêmes, et ne sont

explicables que par le principe de diversité inhérent à leur nature, qui les produit.

Toutes les races actuelles des végétaux cultivés doivent donc être regardées comme autant de vraies espèces, comme autant de types primitivement et essentiellement distincts, auxquels on n'a donné le nom de races que par suite de l'examen très-superficiel, dont ils ont été l'objet de la part des botanistes, et qui devront prendre plus tard dans la science le rang d'espèce que déjà le vulgaire bon sens de la plupart des cultivateurs leur donne, lorsque leurs caractères différentiels auront été mis en évidence par des phytographes exercés. Mais en raison du peu de progrès qu'a fait jusqu'ici la classification de ces végétaux, on peut dire qu'il existe actuellement dans les catalogues de l'horticulture un mélange confus de vraies espèces, de variétés et de variations, toutes placées sur le même rang, sans aucun discernement, parce que leur valeur commerciale est égale, quoique leur valeur scientifique ne soit pas du tout la même.

Plusieurs botanistes ont pensé déjà qu'il n'était pas probable que tous nos arbres fruitiers fussent sortis originairement d'un aussi petit nombre de types qu'on le suppose communément. Desfontaine, dans son *Histoire des arbres et arbrisseaux*, dit qu'il lui répugne de croire que les pommes douces et acides, les pommes d'*Api* et de *Reinette*, proviennent d'un même sauvageon; c'est aussi, au fond, la pensée de plusieurs autres, qui seraient d'avis de réunir les diverses races ou variétés par groupes représentant autant d'espèces. Cette opinion n'est point du tout celle que nous essayons de défendre ici, puisqu'elle repose également sur l'hypothèse des races que nous combattons comme fausse, et que de plus elle nous paraît, en présence des faits, souverainement illogique. Nous voulons démontrer, non pas qu'il existe seulement quelques espèces de plus qu'on ne l'a cru d'abord, mais qu'il en existe une très-grande quantité, que toutes les races actuelles des cultures sont autant de vraies espèces, et par conséquent qu'il n'y a pas chez les végétaux de variétés héréditaires, susceptibles de se transmettre indéfiniment par la génération, en dehors des circonstances très-exceptionnelles qui les auraient produites.

Sans nier que telle ou telle qualité acquise par un végétal placé dans certaines conditions d'existence, puisse se transmettre héréditairement à une première génération, comme nous l'avons nous-même constaté plusieurs fois, la graine ayant pu subir la même influence que l'individu qui en est le porteur, nous disons que rien ne prouve que les individus de cette nouvelle génération, lorsqu'ils sont placés dans les conditions normales du type de l'espèce ou dans des conditions tout autres que celles où étaient leurs ascendants, puissent transmettre à une seconde génération la qualité qu'ils avaient reçue d'eux. Tout prouve le contraire ; tous les faits régulièrement et rigoureusement constatés démontrent que les variétés disparaissent avec une grande promptitude, dès que les causes dont elles résultent cessent d'agir. Les faits allégués par les partisans de l'opinion contraire sont d'une nullité absolue, comme nous tâcherons de le prouver par l'examen de ceux auxquels on attache le plus d'importance et qui pourront faire juger de la valeur des autres.

La connaissance des variétés des plantes étant très-utile pour nous faire apprécier avec exactitude leurs vrais caractères spécifiques, il convient d'examiner les expériences qui ont eu pour résultat de produire en elles des modifications, surtout celles qui ont été faites dans ce but. Tous ceux qui s'occupent de culture connaissent l'importance des semis pour la production des variétés dans les plantes; ils savent que la greffe, la bouture et le marcottage, sont des moyens de propagation des variétés, mais qu'ils ne les créent pas, puisqu'ils ne sont que la continuation d'une même existence individuelle, avec les qualités qui lui sont propres, tandis que le semis donne naissance à un individu nouveau, qui peut indépendamment du principe d'individualité, par l'effet de diverses causes agissant sur lui-même ou ayant agi sur la graine dont il provient, offrir des qualités spéciales, des propriétés qui ne sont qu'à lui.

Le semis étant donc le seul moyen connu d'obtenir des mutations remarquables dans les plantes, les horticulteurs ont dû naturellement s'attacher aux expériences par semis ; mais tous se sont proposés pour but de leurs essais en ce genre, soit la création de nouvelles variétés, soit l'amélioration des variétés existantes, dans un intérêt de commerce, sans avoir jamais eu en vue un résultat purement et exclusivement scientifique. Il semble pourtant que la question scientifique, la question de savoir si l'on peut et comment on peut créer des variétés ou améliorer les anciennes, était la première à résoudre, afin de bien établir la marche à suivre pour les essais qui seraient tentés ultérieurement dans un autre but. Les botanistes ayant négligé, on ne sait trop pourquoi, tout ce qui est relatif à l'horticulture, les auteurs des expériences que l'on cite ont été en général des hommes tout-à-fait étrangers à la connaissance des espèces et aux études qu'elle suppose, dont l'attention était uniquement portée sur les qualités des plantes qui peuvent être un objet d'utilité ou d'agrément; ils se bornent presque toujours à constater que telle ou telle plante a perdu les qualités qui la font rechercher, qu'une autre, au contraire, les a acquises ; mais, pour ce qui est des caractères essentiels de forme dans ses divers organes, de sa valeur comme espèce avant ainsi qu'après les changements indiqués, il n'en est pas question pour eux. Dès que la qualité commerciale d'une espèce a disparu, qu'un fruit, de bon qu'il était, est devenu mauvais, on le regarde comme n'existant plus, et il est rayé des catalogues. Au contraire, un fruit devenu plus gros ou plus savoureux qu'il n'était d'abord, attire l'attention, et quoique le gain obtenu se borne très-souvent à un individu unique doué de qualités très-exceptionnelles pour son espèce, il n'en est pas moins considéré comme le seul véritable représentant de l'espèce qui, en raison des qualités de cet individu, prend rang sur les catalogues. On conçoit cependant qu'une plante puisse, par un certain traitement, acquérir dans quelques-uns de ses organes un développement extraordinaire, ou le perdre par un traitement tout autre, sans que sa nature spécifique éprouve aucun changement.

Les mutations des végétaux cultivés sont donc constamment appréciées au point de vue de ce qui intéresse nos besoins, jamais au point de vue de la nature des choses, indépendamment de l'importance que leurs mutations ont par rapport à nous. En outre dans la plupart des expériences horticoles on admet comme démontré, comme établi, précisément le point qui doit être mis en question, savoir le caractère de variété ou d'espèce de telle ou telle forme soumise à l'expérimentation ; on tient pour espèce ce qui est inscrit comme espèce, ou comme variété ce qui est admis comme variété dans les livres de botanique, sans autre vérification. Ainsi, s'il se trouve qu'une plante établie jusque-là comme variété se reproduise intacte de ses graines, telle que la variété à fruits jaunes du *Prunus padus* L. ou la variété à feuilles laciniées du *Sambucus racemosa* L., on la cite comme un exemple d'une variété héréditaire. Tous les cerisiers ayant été réunis par nos auteurs de botanique en une seule espèce, comprenant trois races principales ou sous-espèces, lesquelles se partagent en un grand nombre de races secondaires, lorsqu'on voit toutes ces races secondaires se propager par semis sans modifications notables, on ne se demande pas si elles ne seraient pas, comme le fait l'indique, autant d'espèces, et les trois sous-espèces, ainsi que le type qui les comprend toutes, autant d'abstractions n'ayant d'existence que dans le cerveau de ceux qui les ont conçues ; on les tient au contraire pour un exemple remarquable de sous-races ayant acquis la fixité et ayant remplacé les races primitives, comme celles-ci ont remplacé l'espèce originaire.

Ce sont donc de pures hypothèses acceptées sans examen et avec une confiance entière, qui dominent tous les jugements et servent de règle, de critérium, pour apprécier tous les faits de l'expérience. On peut ajouter que, indépendamment du défaut de connaissances botaniques, la croyance à la possibilité des transformations des végétaux en des races nouvelles et l'intérêt évident qu'ont les horticulteurs au gain des nouveautés, doivent être considérés comme frappant de nullité sous le rapport scientifique la plupart des expériences faites par eux. Cette persuasion où l'on est que toutes les variétés nouvelles proviennent de mutations dans les anciens types, et qu'il est raisonnable de compter sur les effets étonnants de la culture ou sur le hasard, qui a favorisé tant d'autres, fait qu'on ne se prémunit jamais assez contre les chances d'erreurs, toujours si nombreuses dans les expériences d'une longue durée. Tout fait étrange, qui se présente, n'est pas soumis à des vérifications, d'autant plus rigoureuses qu'il s'écarte davantage de la règle générale; mais il est accueilli, au contraire, avec empressement et sans réserve, parce que l'intérêt le fait désirer et que d'ailleurs on le croit très possible; il devient une réalité, quoique souvent il ne repose que sur une trompeuse apparence. D'un côté une opinion fausse enracinée dans l'esprit, de l'autre un intérêt évident à voir cette opinion confirmée par les faits : ce sont là des causes d'erreurs qui feront presque toujours échec au meilleur jugement et aux intentions les plus droites.

Mais, quoiqu'il soit vrai que la plupart des expériences faites de nos jours n'offrent pas toutes les garanties de lumière et d'impartialité que la science est en droit d'exiger, nous dirons cependant que, si l'on considère celles qui ont une certaine importance par leur étendue et leur durée et dont on doit tenir compte, on verra que les unes montrent clairement la nullité de toutes les apparences qui pourraient faire croire à l'existence de races anciennes chez les végétaux, ou à la formation de races héréditaires nouvelles, tandis que les autres ne donnent à cet égard aucune preuve négative.

II.

Nous parlerons en premier lieu des expériences par semis dont les arbres fruitiers ont été l'objet. Les recherches de ce genre, avant l'époque actuelle, ont été nulles ou nous sont restées inconnues. Les anciens auteurs, dont les ouvrages se sont conservés jusqu'à nous, n'ont parlé des semis des arbres fruitiers que d'une manière générale, et se sont bornés à dire que les semis donnaient très-rarement naissance à des individus porteurs de bons fruits. Hardenpont, au XVIIme siècle, paraît s'être livré assez activement, en Belgique, à la culture du poirier par le moyen des semis; mais il n'a pas rendu compte de ses expériences. Un siècle plus tard, également en Belgique, Van Mons est venu donner une forte impulsion aux essais de ce genre; la recherche de nouveaux fruits et l'amélioration des variétés ont été le but de ses constants efforts; les semis qu'il a faits sur une grande échelle et continués avec une persévérance extraordinaire pendant plus de 50 ans, ont produit des résultats qui ont fait une grande sensation dans l'horticulture; car il a enrichi les catalogues et les pépinières d'une grande quantité de fruits qui étaient inconnus avant lui. Jusque-là l'apparition des variétés nouvelles était attribuée au hasard et semblait inexplicable, lorsqu'il est venu indiquer lui-même la marche qu'il avait suivie et donner en quelque sorte une théorie de la création des nouveautés fruitières, basée sur ses propres expériences ([1]).

Van Mons peut être considéré à juste titre comme le plus

([1]) Poiteau, Théorie de Van Mons ou notice historique sur les moyens qu'emploie Van Mons pour obtenir d'excellents fruits de semis. Annales de la Soc. d'agriculture de Paris, 1834, t. 15, p. 249, 297 et 353).

Van Mons : Arbres fruitiers ou Pomologie belge, 1835.

grand expérimentateur en ce genre, tant par l'importance des
résultats obtenus que par la suite qu'il a mise dans ses recherches;
personne n'ayant fait avant lui et après lui des expériences qui
puissent être comparées aux siennes pour l'étendue et la durée.
Cependant cet homme, dans les écrits où il rend compte de ses
expériences et indique les moyens qu'il a employés pour obtenir
des résultats qui ont paru si étonnants, se montre pénétré d'une
foi pleine et entière à la stabilité, à la fixité absolue des espèces ;
il est persuadé que toutes les modifications produites par la
culture n'atteignent jamais ce qu'on doit considérer comme le
type spécifique ; il dit en propres termes qu'il n'a créé aucune
forme, mais qu'il a trouvé sur les collines incultes des Ardennes
toutes les formes possibles de poires et de pommes qu'il a cultivées et améliorées. N'étant pas botaniste et ne pouvant contredire
formellement les maîtres de la science, qui dans leurs ouvrages
ont considéré comme des variétés toutes les formes de poiriers et
de pommiers des cultures, il appelle lui des sous-espèces toutes
ces formes sauvages qui sont les types de ses nouveautés, comme
pour prendre un terme moyen entre ce qu'il croit être la vérité
et les arrêts de nos savants ; il dit que quand on sème les pepins
de ces arbres sauvages aux lieux où ils sont indigènes, ils donnent
des individus identiques aux ascendants dont ils proviennent,
qu'en les semant ailleurs dans des conditions de développement
tout autres que celles de leur pays natal, on n'obtient d'abord à
la première génération presque aucun changement, mais qu'à la
seconde génération, la variation est établie et devient fixe ; il
ajoute que l'amélioration se complète par des semis successifs et
arrive enfin au terme que comporte la nature propre de l'espèce.

Cette opinion exprimée par Van Mons vient à l'appui de celle
que nous soutenons ici ; elle confirme pleinement nos vues sur
les végétaux des cultures, qui consistent à regarder toutes les
prétendues races héréditaires comme dérivées d'autant de types
primitivement et essentiellement distincts, comme n'ayant pas

été créées par l'homme, mais simplement placées par lui dans des conditions plus favorables où, sans être changées dans leurs caractères spécifiques, elles présentent des qualités qu'elles n'avaient pas d'abord, qualités qui se perdent par le retour à leurs premières conditions d'existence.

Le fait de l'établissement de la variété à la seconde génération, dont parle Van Mons, est très-facile à expliquer. La variété étant due aux nouvelles conditions d'existence auxquelles le végétal est soumis, on comprend que les graines d'un individu sauvage ne donnent d'abord que des individus peu différents de leur ascendant, tandis que les graines de ces nouveaux individus ayant éprouvé comme eux l'influence du nouveau traitement, pourront donner naissance à une seconde génération d'individus qui présenteront des modifications en rapport avec les circonstances où ils se trouvent placés. La modification éprouvée par eux devient fixe ensuite, tout autant que le traitement dure ; cela est très-simple ; et s'il cesse, elle devra cesser de même, comme elle s'est établie, soit à la première, soit au plus tard à la seconde génération.

Quant à l'amélioration progressive qui, d'après Van Mons, se continuerait pendant une suite de générations, nous pensons qu'il y a eu dans son esprit de l'illusion à cet égard, et que le défaut de connaissances botaniques ou l'intérêt du commerce lui ont fait attacher de l'importance à de très-légères modifications dans la grosseur et la qualité des fruits. A ce sujet, il faut reconnaître d'abord que le nouvel état d'une espèce fruitière qui est placée dans des conditions de culture très-favorables, ne présente que très-rarement le caractère d'une variété déterminée, et ne constitue le plus souvent qu'une simple variation dans un très-petit nombre d'individus ou dans un seul. Tous les horticulteurs savent que dans les semis on n'obtient que très-peu d'individus porteurs de bons fruits. Le résultat de la culture est donc simplement de produire chez quelques rares individus un développement de certains organes mieux approprié à nos besoins. Dès lors, on comprend que plus on multiplie les semis, plus on a de chances de rencontrer quelques individus porteurs de bons fruits, parmi une infinité d'autres qui en donnent de médiocres. En outre, les variations des saisons et d'autres causes faisant que les circonstances des diverses années ne sont jamais de tout point identiques, on conçoit qu'en continuant les semis pendant une suite de générations, ainsi que l'a pratiqué Van Mons, on puisse espérer d'obtenir enfin un individu qui surpasse en perfection tous les autres; et comme il suffit d'un seul individu pour constituer une variété très-méritante, que la greffe peut ensuite répandre partout, on se rend parfaitement compte de ce qu'il faut entendre par cette amélioration progressive dont il est parlé si souvent.

Ainsi donc, dès la seconde génération, comme le raisonnement l'indique et comme le prouvent les expériences de Van Mons, les influences de la culture sur les arbres fruitiers donnent tout ce qu'elles peuvent donner; mais elles le donnent seulement d'une manière approximative; d'abord parce que les circonstances de chaque année ne sont jamais rigoureusement identiques; ensuite parce que les résultats désirés, quelle que soit leur importance selon nos goûts et nos idées, ne consistant très-souvent que dans des nuances insignifiantes au point de vue de l'organisation, peuvent être attribués tout autant aux idiosyncrasies chez les végétaux qu'aux circonstances mêmes auxquelles on prête de l'influence.

Depuis les expériences de Van Mons, en Belgique, Sageret, en France, a fait des semis d'arbres à fruits; mais ses expériences, dont il a rendu compte dans sa *Notice pomologique* (1), sont loin d'avoir la portée qu'ont celles de Van Mons; elles laissent même trop à désirer, sous le rapport de la méthode qui y a présidé, pour avoir quelque valeur scientifique. Il dit avoir semé une grande quantité de

---

(1) Sageret, Notice pomologique. (Annales de l'agricult. française 1835, p. 95).

graines des meilleurs fruits provenant de ses cultures ou achetés
sur les marchés de Paris, et en avoir obtenu des arbres qui ont
été transportés plusieurs fois d'une pépinière dans une autre.
Plus tard, lorsque ces arbres ont donné des fruits, il s'est occupé
de leur détermination. Plusieurs de ces fruits lui ont paru à peu
près semblables à ceux qu'il avait cultivés ou observés déjà ;
d'autres ont offert quelques différences ; un petit nombre seulement, la poire Sageret entre autres, lui était inconnu. Il admet
que ceux-ci sont des variétés nouvelles, qui ont été produites
dans ses cultures probablement par l'effet de l'hybridation ; mais
il lui est impossible d'indiquer la provenance exacte de chacune
d'elles, n'ayant pas fait de déterminations rigoureuses des fruits
qu'il a semés, ni mis à part chaque variété avec une indication
de son nom, de ses caractères et de son origine. Il ne marque
d'ailleurs aucune précaution prise pour éviter le mélange des
diverses variétés et pour constater leur identité pendant toute la
durée de l'expérience. En résumé, il paraît seulement avoir
obtenu d'un pêle-mêle de pepins de diverses origines et souvent
indéterminés, différentes variétés qu'il a fallu reconnaître et
déterminer après leur apparition ; il n'y a rien là qui indique
une mutation ou transformation suivie dans toutes ses phases,
rien qui ne soit très-vague et sans importance aucune pour
la science.

Sageret insiste sur ce fait que les fruits de ses arbres ont été
généralement bons, presque tous égaux en qualité et même
supérieurs à ceux dont ils provenaient, d'où il conclut que les
fruits, loin de dégénérer par le semis, comme on le croit, se per-
fectionnent au contraire ; il va même jusqu'à prétendre qu'il est
impossible que des fruits arrivés une fois à un certain état de
perfectionnement, puissent jamais dégénérer, soit immédiatement,
soit par de nouveaux semis, ni retourner à l'état sauvage ; tandis
que l'opinion contraire est celle de Van Mons et de presque tous
les horticulteurs. Van Mons n'a obtenu généralement que des fruits

sauvages du semis des variétés déjà anciennement améliorées.
Poiteau dit que la nature ne porte un fruit à un haut point
d'amélioration que lentement et progressivement, tandis qu'elle
reprend et fait rentrer à l'instant dans son domaine les fruits
améliorés dont on jouit depuis des siècles, si on lui en confie les
graines ; il cite comme une preuve de ce fait la dégénération
presque instantanée des fruits qui ont été transportés autrefois
d'Europe en Amérique, en l'opposant à ce qu'il appelle leur
régénération lente et successive. M. Vilmorin, qui a semé beaucoup de graines des meilleures variétés de fruits, dit n'avoir
obtenu qu'un très-petit nombre d'individus porteurs de bons
fruits, et avoir remarqué chez la plupart une tendance prononcée
à retourner à l'état sauvage. Duhamel, de Lieusaint, les Alfroy
père et fils, n'avaient rien obtenu de bon de leurs semis.

Ces faits contradictoires en apparence montrent que ce que l'on
nomme les améliorations de la culture se réduit en général à de
très-légères modifications dans les fruits, qui tiennent uniquement aux circonstances locales et sont complètement dépourvues
de fixité. Sageret ayant fait, à ce qu'il paraît, ses expériences
dans d'excellentes conditions, n'a obtenu presque exclusivement
que des individus porteurs de bons fruits, tandis que d'autres
moins favorisés n'en ont obtenu qu'un très-petit nombre de cette
catégorie, et que d'autres enfin n'ont eu de leurs semis que des
sauvageons. Très-souvent ces qualités que l'on recherche dans
les fruits ne peuvent pas même constituer des variétés, dans le
sens que nous attachons à ce mot, puisqu'on les voit disparaître
chez un même individu. Ainsi nous avons vu, sur un même pied
d'arbre et dans une même saison, des pommes qui étaient dix
fois plus petites que d'autres, quoique d'ailleurs très-bien con-
formées et pourvues de graines excellentes. Tout le monde sait
qu'il y a des espèces de poiriers dont les greffes provenant d'un
même individu produisent dans certains pays de très-bons
fruits, et dans d'autres de très-médiocres.

Les expériences de Knight ([1]), en Angleterre, ont donné lieu à l'introduction de quelques nouveautés dans le commerce ; mais n'offrant, comme celles de Sageret, aucune garantie pour la science, elles ne peuvent jeter du jour sur la question qui nous occupe. La plupart de ceux qui, de nos jours, introduisent de nouveaux fruits dans le commerce, se taisent sur les moyens qu'ils ont employés pour les obtenir, ou se contentent de les attribuer à l'effet des croisements ; mais dans tout ce qu'ils disent on ne voit généralement que des suppositions et point de faits.

III.

De même que les arbres fruitiers des cultures, les vignes n'ont été jusqu'ici l'objet d'aucune étude sérieuse, au point de vue de la botanique ; on peut même dire qu'elles ont été encore plus négligées à cause du nombre de leurs variétés, qui est très-considérable et paraît encore plus grand qu'il n'est effectivement, par suite de l'absence d'une classification méthodique et d'une bonne synonymie. Cette grande variété dans les vignes existait déjà dans l'antiquité ; les livres sacrés et profanes nous montrent la Judée, la Syrie et les autres provinces de l'Asie, comme plantées de vignes très-nombreuses. Pline et Columelle nous disent que de leur temps elles étaient innombrables en Italie, d'où elles se répandirent dans les Gaules et les autres contrées de l'Europe occidentale.

Il est reconnu généralement que la plupart des variétés de vignes sont constantes et se reproduisent intactes de leurs graines, ou sans amélioration appréciable, ainsi que cela a été constaté par plusieurs expériences dont les résultats sont peu encourageants pour les horticulteurs qui seraient tentés de les renou-

---

([1]) Knight, Mém. de la Soc. d'hortic. et de la Soc. royale de Londres.

veler dans un but purement commercial. Aussi ceux-ci s'accordent
presque tous à dire que les semis faits dans ce but sont à peu
près inutiles Cependant un horticulteur de mérite, M. Vibert,
déjà connu par sa culture intelligente du genre Rosier, s'est
appliqué avec une persévérance digne d'éloges à la culture de la
vigne par semis. Toutes ses recherches à cet égard sont inspirées
par cette ferme persuasion où il est, que toutes les variétés
actuelles de vigne doivent leur origine à un seul type, le *Vitis
vinifera* des botanistes, dont elles ne seraient que des modifications dues aux climats, aux sols et à diverses causes qui ont agi
pendant une suite de siècles. La vigne offrant à elle seule presque
autant de variétés que tous nos arbres fruitiers réunis, il conclut
de là qu'elle a montré plus de tendance à varier, qu'elle est plus
variable de sa nature, et que, si l'on obtient de bons résultats du
semis des arbres fruitiers pour la création ou l'amélioration des
variétés, il doit en être de même de la vigne à plus forte
raison. Il combat donc comme un préjugé l'opinion généralement
admise par les horticulteurs sur la fixité des vignes et l'inutilité
de leurs semis ; il croit qu'il est possible d'obtenir par des efforts
bien dirigés des mutations chez les vignes, ou des améliorations
analogues à celles qui ont été réalisées dans les temps anciens.

   Le raisonnement de M. Vibert est fort juste, et les conséquences pratiques sur lesquelles il insiste découlent fort exactement
de l'idée théorique très-accréditée dont il part; mais, s'il se trouve
que cette idée n'est qu'une hypothèse absolument fausse, ce sera
bien vainement qu'il poursuivra la réalisation des résultats qu'elle
promet. En effet, ses expériences, dont il nous fait connaître les
détails (¹) avec une netteté pleine de franchise, qui ne peut laisser
aucun doute sur la droiture de ses intentions, ni sur son amour
pour la vérité avant tout, étant considérées dans leur ensemble,

____

(¹) Vibert. Notice sur mes vignes de semence (Annales de la société
centrale d'horticulture de France 1850).

confirment pleinement l'opinion opposée à la sienne et qu'il cherche à combattre, celle de la fixité absolue des caractères chez les vignes. A l'exception d'un petit nombre de faits singuliers, qui lui ont causé, dit-il, beaucoup d'étonnement et sur lesquels il fonde toutes ses espérances pour l'avenir , il résulte des essais qu'il indique, que plusieurs variétés de vignes, quoique ayant été reproduites de graines par centaine d'individus, n'ont éprouvé aucune altération même légère dans leurs fruits ou dans leurs feuilles : telles sont le *Chasselas rouge* , le *Ciotat* , le *Gros Coulard,* la *Madeleine noire.* D'autres lui ont offert quelques modifications, seulement dans le feuillage. Chez les variétés de Muscat, le goût musqué du fruit a été souvent altéré, mais sans autre changement notable. D'un autre côté , il cite comme un gain très-remarquable l'obtention d'une nouvelle espèce , son *Muscat noir de la mi-août* , qui s'est rencontré dans un semis du Frenkantal, et n'a cependant, dit-il , aucun rapport quelconque avec ce dernier, hormis la couleur du fruit.

M. Vibert, qui a une foi vive dans la possibilité d'une transformation, ne doute pas qu'elle ait eu lieu effectivement dans le cas qu'il indique, tandis que s'il était persuadé , comme nous le sommes, que cette transformation est impossible, ou si seulement son esprit restait dans le doute à cet égard, il aurait fait d'abord la part des chances de l'erreur, afin de bien juger ce fait singulier qu'il cite, ainsi qu'un autre dont il parle au sujet des variétés obtenues du semis de l'*Isabelle.* Cette part de l'erreur, dont il ne nous paraît pas s'être assez préoccupé, nous allons la faire nous-même. Il nous dit s'être entouré des précautions les plus minutieuses, afin de conserver de l'ordre dans ses semis, et avoir apporté dans toutes ses opérations l'attention la plus soutenue, la surveillance la plus exacte, faisant tout par lui-même, autant que possible. Il mérite certainement d'être cru sur son affirmation à cet égard ; mais comme il dit en même temps qu'il a semé plusieurs fois la même vigne sous des noms différents, chose qu'il ignorait d'abord et n'a reconnu que plus tard , on peut très-bien conclure de cet aveu qu'il aura pu aussi quelquefois semer des vignes différentes sous un même nom, également sans s'en être aperçu. Il fait observer encore qu'il a pris pour ses expériences les pepins de chaque sorte de vignes sur un grand nombre de pieds différents , afin d'augmenter les chances de variation ; nous pensons que cette précaution n'a fait qu'accroître les chances d'erreur. Enfin, il s'est trouvé dans la nécessité de faire jusqu'à trois déménagements de ses pépinières en dix ans; ce sont encore là, selon nous, de nouvelles chances d'erreur à ajouter aux autres.

M. Vibert paraît avoir mis une consciencieuse exactitude dans ses expérimentations ; mais il a omis une des conditions les plus indispensables dans tout essai de ce genre, celle d'une détermination rigoureuse de tous les fruits dont les graines ont été confiées à la terre. On peut donc dire , en résumé , que ses expériences, considérées dans leur ensemble , démontrent avec évidence la constance des caractères chez les vignes qu'il a semées, et que les quelques faits négatifs qu'elles ont pu présenter s'expliquent très-bien par l'absence de précautions suffisantes contre des erreurs très-faciles à commettre. Ainsi, il nous paraît probable que dans son semis, des graines de l'espèce à fruits noirs qu'il nomme *Muscat de la mi-août*, se sont trouvées mêlées parmi celles du *Frenkantal* qui est également à fruits noirs , et que ces graines provenaient de plants confondus avec ceux du Frenkantal ou reçus sous quelque faux nom.

Plusieurs des auteurs qui ont traité de la vigne et de sa culture, tels que Dussieux, Chaptal , Bosc , etc., n'admettent pas la persistance des caractères chez les vignes ; ils disent que , si l'on transporte des cépages de diverses sortes dans des pays étrangers, ils perdent bientôt les caractères spécifiques qu'ils avaient d'abord, pour prendre ceux des plans cultivés dans le pays où on les porte. Comme en général ils prennent pour caractères spécifiques ces qualités particulières de saveur et de couleur du vin., qui font son mérite et qui tiennent au sol, au climat, aux circonstances particulières de chaque année, et beaucoup aussi à la manière de le faire, on peut admettre avec eux que le vin qui est le produit d'une certaine variété de vignes dans un pays, diffère quelquefois d'une manière assez notable du vin fait dans un autre avec la même variété ; mais rien ne prouve que les caractères de forme propres à un cépage déterminé aient changé en aucune façon par le transport en pays étranger. Tout ce qui a été avancé à cet égard ne repose pas sur des faits ou des observations précises, mais sur de pures hypothèses sans fondement.

D. Simon Roxas Clemente, auteur espagnol, qui a fait un traité sur les vignes de l'Andalousie, a démontré par des exemples et des faits sans réplique la fausseté des assertions de ce genre. M. le comte Odart, dont les écrits sont si fort appréciés des Ampélophiles, et qui a passé une grande partie de sa vie pour ainsi dire au milieu des vignes et tout occupé de leur étude, a fait également justice (1) de ces hypothèses hasardées qui souvent servent de point de départ à des théories de classification, et dont on se plaît à tirer des conséquences comme s'il s'agissait de faits bien constatés. Il est du petit nombre de ces esprits fermes, qui ne se laissent jamais dominer dans leurs jugements par l'empire des idées reçues, et n'accordent aux hypothèses que la valeur d'hypothèses, s'appliquant avant tout à étudier soigneusement les faits pour les bien connaître et à suivre toujours fidèlement cette règle indispensable de logique, qui consiste à faire des revues si générales de toutes les circonstances essentielles des faits, qu'on soit assuré de ne rien omettre de ce qui peut être un élément de certitude à leur égard.

---

(1) Comte Odart, Ampélographie universelle ou traité des cépages les plus estimés, Paris, 1850.— Rapport sur l'Ampélographie rhénane de Stolz, (Annal. Soc. cent. d'agric. de Paris, 1851, pag.512.

Il est arrivé par des observations suivies et la comparaison attentive d'une grande partie des cépages cultivés en Europe, à reconnaître qu'ils présentent dans leurs divers organes des différences caractéristiques, tout-à-fait fixes et indépendantes du climat ou des circonstances locales, qui permettent à celui qui veut s'adonner sérieusement à leur étude de les reconnaître sûrement et facilement. Il a pu, comme l'avait fait D. Simon Clemente, établir l'identité spécifique de plusieurs plants de vigne cultivés de temps immémorial sous différents noms, dans des contrées très-diverses où ils se sont conservés parfaitement intacts. Il cite un grand nombre de faits qui établissent l'immutabilité des espèces de vigne; ainsi, le *Pinot* de Bourgogne, qui a été transporté au cap de Bonne-Espérance, n'y a point changé de caractères et donne un vin de qualité très-supérieure; divers cépages portés en Amérique ont donné du vin plus ou moins bon, mais leur forme s'est conservée identique. Selon lui, les variations dont les cépages sont susceptibles ont des limites très-étroites, et il tire de l'ensemble des faits observés cette conséquence, que le choix du cépage est d'une importance capitale dans la culture de la vigne, et que, toutes choses égales, la nature du vin et la supériorité de sa qualité sont déterminées par la nature du cépage, les modifications dues au sol et au climat n'ayant qu'une importance secondaire, quoique cependant très-appréciables dans beaucoup de cas.

Le problème à résoudre dans l'industrie viticole serait donc l'appropriation du plan ou cépage au lieu où il doit être cultivé. On voit dans les différentes contrées les sols, les climats et les expositions les plus variées, produire des vins très-renommés. Le meilleur crû de Champagne vient à l'exposition du nord. Les plaines du Bordelais donnent d'excellents vins. Le vin de Bourgogne vient sur le calcaire; celui de l'Hermitage sur le granit. D'autres crûs renommés sont produits sur le grès, sur la marne, sur les terres sablonneuses, ainsi que sur les terres fortes. Il pourrait arriver que deux pays, où l'on fait du mauvais vin, soient amenés par un échange réciproque de leurs cépages à en produire d'excellent, par suite d'une meilleure appropriation de chacun de ces cépages au climat et aux circonstances particulières des deux pays. Mais tous les essais de ce genre doivent avoir nécessairement pour base une connaissance approfondie des diverses espèces de vigne ; ce n'est que lorsqu'elles seront toutes bien connues, délimitées et décrites, que l'on aura donné une bonne classification et une bonne synonymie de toutes ces espèces si nombreuses, qu'il sera possible de diriger des expériences d'une application utile et certaine. Les travaux de M. le comte Odart sont sans doute un grand pas fait dans cette voie ; cependant il est à regretter qu'il n'ait pas suivi dans son Ampélographie une marche plus scientifique, qu'il ait écrit pour les propriétaires de vignes et non pour les savants, n'admettant même que les premiers pour juges de ses travaux. Frappé de la déraison de beaucoup de botanistes dont les jugements sont contredits par les faits les plus évidents, déraison à laquelle il oppose, avec D. Simon Roxas Clemente, le simple bon sens des cultivateurs qui appellent espèces ce que les botanistes nomment variétés, et ne peuvent concevoir comment tant de cépages si divers, toujours inaltérables à leur vue et selon leurs vieilles traditions, seraient sortis cependant d'un même type ; il s'en prend à la science elle-même de ce qui n'est que l'erreur de demi-savants, et croit à tort qu'elle ne peut lui être d'aucun secours, tandis que c'est elle seule, au contraire, comme nous l'avons montré, qui peut donner une connaissance véritable de tous les végétaux des cultures, par le moyen des analogies évidentes qu'elle met sous les yeux, ainsi que par le secours de la méthode dont elle règle l'emploi.

Toutes les observations précisés, toutes les expériences faites jusqu'ici sur les arbres fruitiers et sur les vignes ne sont donc nullement contraires à l'opinion émise par nous, que toutes les variétés actuelles des végétaux cultivés, que l'on considère comme des races, sont autant d'espèces distinctes ; on a vu qu'elles en confirment plutôt la vérité. Mais il est un point sur lequel il nous a été impossible de trouver des renseignements nulle part ; c'est celui qui concerne l'étude des végétaux des cultures dans ce qu'on nomme leur état d'abâtardissement ou état sauvage. Nous ne connaissons pas d'expérimentateur qui ait dirigé son attention sur ce point essentiel de la question qui nous occupe. En général, l'intérêt de la science étant nul aux yeux de la plupart de ceux qui ont fait des expériences ou n'étant pas suffisamment compris d'eux, ils n'ont pas cru que l'examen des végétaux dégénérés pût être d'aucune utilité.

Etant persuadé nous-même que la connaissance des végétaux redevenus sauvages est d'une grande importance, et qu'ils doivent être étudiés avec tout autant de soin que ceux qui ont atteint le plus haut degré de perfectionnement, nous avons entrepris de cultiver les diverses espèces du commerce, dans le but de les ramener autant que possible à l'état sauvage ; nous avons donc élevé de graines un grand nombre d'espèces de poiriers, pommiers, pruniers, cerisiers, etc., ainsi que beaucoup de vignes. Ayant semé séparément chaque espèce et suivi attentivement les diverses phases de son développement, nous avons pu constater avec une entière évidence ce fait que tous les individus d'une même espèce d'arbre ou de vigne, semés en même temps, étaient dans le jeune âge ainsi que dans un âge plus avancé parfaitement semblables les uns aux autres, comme le sont tous les individus d'une espèce de plante sauvage quelconque, que l'on obtient de graines semées dans une terre franche. Nous avons pu reconnaître de même que tous ceux des diverses espèces étaient différents entre eux et parfaitement reconnaissables, pour un œil exercé, au feuillage, au bois, à la direction des rameaux, aux bourgeons, en un mot à l'ensemble des caractères qui donne le faciès, exactement comme sont différentes entre elles les espèces de genres très-naturels, que l'on trouve spontanées dans la nature et que l'on soumet de la même manière à l'épreuve du semis.

Les espèces d'arbres en petit nombre dont nous avons pu juger les fruits, nous ont offert des fruits beaucoup plus petits que ceux dont provenait la graine, mais absolument identiques de forme. Les jeunes arbres élevés de graine sont en général assez épineux et ont un aspect un peu différent de celui des arbres greffés et adultes de la même espèce. Mais le fait constant à nos yeux, c'est celui de la similitude complète des individus de la même espèce, et de la diversité respective de chaque espèce. Il résulte de là que, après avoir semé par exemple cinquante espèces de poiriers, si nous n'obtenons, conformément à notre désir, que des sauvageons, nous aurons toujours cinquante espèces, ni plus ni moins qu'avant le semis. Il restera à noter les différences caractéristiques qui les séparent dans ce nouvel état, comme dans l'état précédent; les caractères communs aux deux états seront les vrais caractères spécifiques; les différences constitueront le gain réel ou la perte de l'horticulteur. Tant que ces comparaisons, qui demandent beaucoup de temps, d'expérience et de sagacité, n'auront pas été faites, il sera impossible de préciser le nombre des espèces des cultures et de les délimiter exactement. Mais on peut dès à présent établir comme le résultat de toutes les apparences des faits connus, de toutes les inductions légitimes, qu'il existe dans les cultures un très-grand nombre de véritables espèces, analogues en tout point à beaucoup d'autres espèces sauvages qui n'ont jamais été cultivées par l'homme.

IV.

Les légumes, les plantes potagères et en général tous les produits si variés de la culture maraîchère étant compris dans l'objet

de notre étude, nous devons entrer dans quelques détails à leur
sujet. Nous rappellerons ici une des expériences horticoles qui a
fait le plus de sensation, et qui a été considérée comme un
exemple du succès que peuvent attendre les praticiens intelligents
dans leurs essais pour la création de nouvelles races améliorées ;
c'est l'expérience sur la carotte de M. Vilmorin.

Cet habile horticulteur, dans le compte-rendu fait par lui-
même de son expérience (¹), dit que, ayant pris des graines de
la carotte sauvage des prés, *Daucus carota* des botanistes, et
ayant remarqué que celles qui étaient semées au printemps se
mettaient à fleur très-promptement, tandis que celles qui étaient
semées dans le milieu de l'été prenaient beaucoup de développement dans leur racine et ne fleurissaient que l'année suivante,
il a renouvelé ce semis d'été pendant plusieurs générations et
« est arrivé, après trois générations d'une racine petite et cornée
comme celle de la carotte sauvage, à une racine aussi grosse,
aussi charnue et aussi tendre que celle des jardins ;... elle a
conservé seulement, dit-il, une qualité de chair un peu plus
compacte et plus pâteuse que celle des autres variétés cultivées ;
sa saveur est aussi moins forte et sensiblement plus sucrée. »

Ce qui paraît résulter clairement de cette expérience, c'est que
la carotte sauvage des prés étant soumise à un traitement convenable, c'est-à-dire étant semée au moment le plus favorable
dans une terre excellente et bien fumée, étant tenue sarclée et
espacée, prend dans sa racine un développement analogue à celui
des autres variétés cultivées, mais qu'elle s'en distingue cependant, comme celles-ci se distinguent entre elles, par une saveur
et une qualité particulière, et que dès lors elle constitue une
variété nouvelle à ajouter aux autres. Nous l'avons vue en effet
figurer à part sur les catalogues de l'horticulture, et il nous a été

(¹) Vilmorin, Carotte améliorée (Maison rustique de Bixio, ann.
1849, p. 24.)

dit que cette racine bien inférieure aux autres en mérite, n'était qu'un simple objet de curiosité.

Le fait du développement des racines et des autres organes de la végétation, dû à l'époque du semis, n'est pas propre seulement à la carotte ; il s'observe aussi chez la plupart des espèces semi-bisannuelles, et même chez beaucoup d'espèces vivaces, susceptibles de fleurir dès la première année de leur existence, quand on les sème de bonne heure. C'est un fait parfaitement connu de tous ceux qui cultivent des plantes au point de vue de la botanique ou qui, sans les cultiver, cherchent seulement à se rendre compte des inégalités de développement qu'elles présentent souvent, dans leurs stations naturelles à l'état sauvage. Toutes les fois que par suite de l'insuffisance de la chaleur, du brisement des tiges ou de toute autre cause, le développement des organes de la fructification est retardé ou annulé, celui des autres organes s'accroît d'autant plus. Au contraire, lorsque la floraison et la fructification d'une plante s'opèrent avec une grande rapidité, l'effet inverse est produit.

M. Vilmorin, dans son expérience, a fait porter son observation uniquement sur la racine de la carotte sauvage, sans s'arrêter à l'étude des autres organes, de ces organes surtout qui servent aux distinctions spécifiques dans les plantes de la même famille. Il a vu dans les auteurs que les diverses carottes cultivées étaient mises au rang de variétés et considérées comme appartenant à un type unique, qui serait la carotte des prés. Il s'en est tenu là comme à un fait démontré, tandis que c'était le point qui exigeait tout d'abord une vérification. Avant de rechercher si la carotte des prés peut augmenter de volume dans sa racine par l'effet de la culture et prendre l'apparence de celles des jardins, lorsqu'elle est traitée de même, ce qui paraît au moins très-vraisemblable avant tout essai, il fallait examiner si les autres carottes cultivées, abstraction faite des racines qui dans les plantes de cette famille ne donnent pas de caractères spécifiques, étaient identiques ou non dans leurs autres organes, apprécier leurs différences, étudier même la plante sauvage comparativement aux variétés cultivées, et noter tous les points de contact qu'elle peut offrir avec elles, toutes les différences qui l'en séparent ; il fallait renouveler plus tard la comparaison dans son état de perfectionnement, afin de voir de laquelle de ces variétés elle se rapproche dans ce nouvel état. Aucune de ces précautions tout-à-fait indispensables n'ayant été prise dans l'expérience citée, il est évident qu'elle est sans aucune valeur scientifique. On peut dire seulement qu'elle semblerait prouver plutôt le contraire des conséquences qu'on a voulu en tirer, et établir que la carotte des prés serait une espèce à part, puisque, tout en ayant pris par la culture la ressemblance générale des diverses variétés cultivées, elle n'aurait acquis cependant les caractères particuliers d'aucune d'elles.

Quant au fait de l'amélioration progressive dont parle M. Vilmorin, quoiqu'il dise en avoir observé les effets sensibles pendant trois générations, nous ne doutons pas, comme la preuve en est fournie par le résultat bien constaté de beaucoup d'expériences analogues à la sienne, que l'amélioration principale n'ait été réalisée, dans son expérience même, dès la seconde génération. Si les racines de la troisième génération ou des suivantes lui ont paru encore supérieures à celles qui avaient précédé, cela pouvait tenir à des causes accidentelles ; ou bien les différences observées ne consistaient peut-être que dans de très-légères nuances qui doivent être négligées.

La croyance de beaucoup d'horticulteurs au perfectionnement lent et progressif des variétés des cultures, pendant une longue suite de générations, est généralement chez eux l'effet d'une pure illusion correspondant à la fausse idée qu'ils ont de l'origine de ces variétés, comme cela résulte d'une foule de faits bien avérés qui sont parfaitement contradictoires à ceux qu'ils croient avoir observés et sur lesquels ils appuient leur opinion. La persuasion où l'on est que cette amélioration doit s'opérer effectivement d'une manière lente et graduelle, engage à rapporter à cette cause beaucoup de faits qui sont dus à des causes purement accidentelles. Il n'est pas étonnant d'ailleurs qu'après avoir long-temps cultivé une plante et l'avoir soumise à des semis réitérés, on arrive à mieux connaître le traitement qui lui convient, et qu'on soit ainsi moins exposé aux échecs qui suivent ordinaire-ment les premiers essais.

La dégénération des végétaux est en général aussi prompte que leur perfectionnement. Nous pourrons citer un exemple qui nous a été fourni par les carottes mêmes. Ayant semé six varié-tés de carottes du commerce dans une terre franche et ayant laissé les jeunes plantes très-rapprochées les unes des autres, nous avons vu, dès la première génération, les racines de ces varié-tés se montrer presque toutes blanchâtres, la plupart de la grosseur du doigt, ou souvent de celle d'un tuyau de plume, quoiqu'elles eussent été semées pendant l'été et eussent atteint, l'année suivante, leur plein développement avec une parfaite régularité. Dans cet état, les variétés étaient à peine reconnais-sables à leurs racines, mais pouvaient encore être distinguées aux fruits et aux autres organes. Ainsi pour obtenir une dégénération très-marquée, il n'avait pas fallu une suite de générations; il avait suffi de placer les carottes cultivées dans les conditions ordinaires de la carotte des prés, qui croît ordinairement dans des terrains de médiocre qualité, mêlée avec beaucoup d'autres espèces de plantes auxquelles elle doit disputer sa nourriture.

On voit par ces exemples qu'il est d'une extrême importance, dans toutes les observations de culture qui ont pour objet de constater les changements opérés chez les végétaux, de ne pas perdre de vue les caractères essentiels de forme, ceux qu'on nomme les caractères scientifiques. Loin d'être négligés, comme cela arrive presque toujours, ils doivent occuper dans notre attention le rang qui leur appartient, c'est-à-dire le premier rang; les caractères qui se rapportent à nos besoins n'étant souvent pour la science que d'une importance très-secondaire. Cependant, quelque secondaires que soient ces derniers caractères, leur présence nous paraît être un indice presque certain de l'existence des autres, tandis que leur disparition ne prouve rien contre elle.

Ainsi, l'on peut établir comme une règle sujette à très-peu d'exceptions, que toutes les variétés qui sont susceptibles de se reproduire de leurs graines et dont le commerce se fait par graines, sont autant de vraies espèces pourvues dans leurs divers organes de caractères essentiels de forme, indépendamment des qualités qui les font rechercher. En vain dira-t-on que plusieurs de ces variétés ne se maintiennent qu'autant qu'on fait un choix attentif de l'individu porte-graines qui doit servir à leur multiplication; que souvent on est obligé, pour les conserver intactes, de tirer la graine du pays d'où elles sont originaires. La question n'est pas de savoir si ces variétés conservent ou perdent les qualités qui les font rechercher, mais de savoir si, avant comme après le développement extraordinaire de tel ou tel organe, elles restent spécifiquement distinctes. Nous disons que, lorsqu'on songe aux moyens si limités d'action sur l'organisation végétale dont l'homme dispose, à la simplicité de cette organisation qui s'accommode d'une nourriture presque identique chez les espèces les plus différentes de forme, on ne comprend guère comment des différences assez profondes pour être transmises héréditairement, ou tout au moins assez frappantes pour être facilement distinguées de tout le monde et appliquées à divers usages, auraient pu être produites chez des végétaux qui ne seraient pas déjà eux-mêmes distincts par leur nature. La diversité si remarquable des modifications qu'ils présentent, quoique étant soumis à un même traitement, doit provenir sans doute de ce que le tempérament propre à chaque espèce comporte telle ou telle modification plutôt qu'une autre. A ce sujet nous pouvons invoquer

notre propre expérience et déclarer ici que, ayant semé une
grande quantité de légumes du commerce dans le but de les
faire dégénérer et de les ramener autant que possible à l'état sauvage, nous avons trouvé chez la plupart de ceux que nous avons
eu le loisir d'examiner, de bons caractères spécifiques souvent
très-indépendants des qualités signalées.

En établissant d'une manière générale, comme vraisemblable
au plus haut degré, le caractère d'espèce véritable de toutes les
variétés de végétaux dont le commerce se fait par graines, nous
reconnaissons qu'il est indispensable de soumettre d'abord chacune d'elles à une analyse exacte, afin de s'assurer du fait et de
constater les exceptions qui doivent exister pour plusieurs de
celles dont les qualités indiquées ne peuvent être maintenues
que par le recours incessant à un porte-graines choisi. Cette vérification doit être l'œuvre de phytographes exercés, accoutumés
à discerner les vrais caractères spécifiques; en passant minutieu-
sement en revue tous les organes, selon les principes de la
méthode naturelle. Les espèces des catalogues de l'horticulture,
dont les qualités n'auraient qu'une constance purement relative, et dont les différences de forme vraiment essentielles et
caractéristiques seraient nulles, rentreraient dans la catégorie
des variétés d'un même type qui dépendent de certaines conditions d'existence, et qui cessent avec ces conditions dès la
seconde génération.

V.

Les céréales qui sont si utiles à l'homme, quoique moins dé-
laissées par les hommes de science que les autres végétaux des
cultures, n'ont cependant pas été de leur part l'objet d'une
étude assez attentive. Les auteurs des divers travaux publiés
jusqu'à présent sur elles, ont porté sur leurs espèces des juge-

ments souvent opposés, sans les appuyer par des observations
très-précises ou par des expériences faites d'une manière suivie et
méthodique; d'où il résulte qu'il règne beaucoup d'incertitude
au sujet de la délimitation exacte de plusieurs de ces espèces,
particulièrement de celles qui appartiennent au genre Froment
(*Triticum.* TOURNEF.), auxquelles on rapporte de nombreuses
variétés. Cependant on doit dire qu'il y a aujourd'hui certains
points, relatifs à des distinctions de genres ou d'espèces, qui
sont universellement admis et ne peuvent être l'objet d'aucune
contestation sérieuse parmi les botanistes instruits.

L'état encore peu avancé de la connaissance des espèces et
les divergences d'opinion des botanistes, dont les uns séparent
des espèces que d'autres réunissent, ont porté quelques-uns de
ces esprits faibles ou impatients, que les premières difficultés
rebutent, à dire qu'il fallait supprimer les espèces, n'en admettre qu'une là où tout le monde en voyait plusieurs, et rapporter par conséquent à un même type spécifique toutes les
variétés de blé que l'on cultive. Ces exagérations ont ouvert un
beau champ aux faiseurs de conjectures, à ces hommes qui se
plaisent à substituer les caprices de leur imagination à la
raison et à l'expérience dans l'appréciation des faits scientifiques.
Quelques-uns se sont mis en tête que, puisqu'il y avait beaucoup
de variétés parmi les céréales et que les botanistes n'étaient pas
tous d'accord sur le nombre des espèces de blé et de leurs
variétés, il en résultait que le blé était une plante très-variable,
très-polymorphe de sa nature, qui avait dû se modifier à la
suite des temps, et arriver ainsi peu à peu ou quelquefois par des
transformations subites à l'état où nous la voyons aujourd'hui;
qu'il pourrait donc se faire que telle ou telle méchante herbe que
nous foulons maintenant aux pieds tous les jours, eût été l'origine,
le premier état de nos diverses espèces de blés et des autres
céréales.

Si les opinions fausses et sans fondement logique, qui séduisent l'imagination par ce qu'elles ont d'étrange et de merveilleux, ou qui favorisent des systèmes arrêtés d'avance, n'étaient pas toujours les plus tenaces, celles qui s'enracinent le plus fortement dans certains esprits, il aurait suffi d'un fait bien connu de nos jours pour couper court à toutes ces hypothèses que nous venons d'indiquer et pour en faire rejeter bien loin la pensée. Nous voulons parler de la découverte qui a été faite dans les hypogées de l'ancienne Egypte de grains de blé exactement pareils à ceux des espèces cultivées aujourd'hui, et dont l'identité avec elles a été mise en une complète évidence par la germination de plusieurs de ces grains qui, chose étonnante, ayant conservé la vie en eux, quoique âgés de 3 à 4000 ans, ont reproduit des plantes dont le plein et entier développement s'est opéré d'une manière régulière et normale. Ces expériences ont été faites sur divers points en France et en Allemagne, à Paris notamment où M. Gay en a signalé les résultats. M. le comte de Sternberg a fait aussi connaître des résultats pareils dans une réunion de naturalistes à Stuttgart. Les plantes de froment obtenues par la culture de ces grains trouvés dans les tombeaux égyptiens, appartenaient, les unes au *Triticum vulgare* VILL., qui est l'espèce la plus généralement cultivée dans nos pays, les autres au *Triticum durum* DESF., connu sous le nom de *blé dur*, qui est une espèce actuellement cultivée partout en Barbarie, en Egypte et en Syrie, et bien supérieure aux autres pour la confection des pâtes sèches alimentaires, étant employée presque exclusivement à cet usage, surtout en Italie.

On peut donc, d'après cela, se faire une idée des effets de la culture sur les céréales, et juger s'il est vrai qu'elles soient susceptibles de transformations ou d'améliorations, comme on le suppose, lorsqu'il est constaté que plusieurs des espèces les plus généralement cultivées se sont conservées intactes, après plus de 3000 ans de culture, par conséquent après une série successive de plus de 3000 générations.

Quelques hommes cependant ont caressé cette idée que les céréales, les froments surtout, étaient issus de quelques herbes sauvages de nos pays, qui ont été transformées par la culture; elle ne leur était pas suggérée par l'examen des faits; ils étaient seulement incités à la soutenir par l'influence qu'ont eue sur leur esprit quelques théories modernes, telles que les utopies de M. Raspail sur les métamorphoses des végétaux de la famille des Graminées (1). Nous ne croyons pas qu'il soit utile de nous arrêter ici à l'examen de systèmes formulés par des hommes qui semblent rester en dehors du monde des réalités, ou n'y descendre que pour y chercher l'occasion d'appliquer les conceptions de leur cerveau malade. Doués de la faculté de généraliser, de mettre en relief une idée, de la revêtir d'une forme neuve et piquante, ils semblent incapables de se tenir fermes un instant sur le terrain de l'observation méthodique, de rattacher les idées aux faits bien étudiés et de les enchaîner dans un ordre logique. Leurs conceptions ne sauraient donc appartenir au domaine de la discussion; car elles provoquent simplement le sourire de l'incrédulité chez tous ceux qui ont quelque connaissance positive des faits mis par eux en question.

Nous parlerons seulement d'une expérience dont les résultats viennent d'être signalés tout récemment, et qui a paru à quelques personnes prêter appui à l'opinion que nous avons à combattre. Ce sont les observations de M. Esprit Fabre, jardinier à Agde, sur la métamorphose de deux *Aegylops* en *Triticum* (1), lesquelles tendraient à prouver, selon lui, que nos blés sont

(1) Raspail, Essais d'expériences et d'observations sur l'espèce végétale en général, et en particulier sur la valeur des caractères spécifiques des Graminées (Ann. des sciences d'observation, t. 1, p. 406).

(1) Esprit Fabre, Des Ægylops du midi de la France et de leur transformation, Montpellier, 1852.

issus des espèces du genre *Aegylops*, qui sont des plantes sauvages très-communes dans les lieux secs du midi de la France, ainsi que dans tout le reste de la région méditerranéenne. Cette expérience, d'après la lecture que nous avons faite du mémoire de l'auteur, nous ayant paru complètement nulle, sans valeur aucune et comme réfutée par son exposé même, nous n'aurions pas cru qu'il fût nécessaire de la discuter sérieusement, si nous n'avions remarqué qu'elle avait déjà causé quelque émoi dans un certain monde, qu'elle faisait impression sur beaucoup d'esprits et même, il faut le dire, sur quelques botanistes en renom : chose qui pourrait étonner et paraître peu conciliable avec notre opinion sur la portée du travail en question, si l'on ne savait que, parmi les botanistes, il y en a plusieurs que la marche nouvelle de la science et surtout la multiplication des espèces exaspèrent. On voit les uns maudire de tout leur cœur ces novateurs impertinents qui se permettent de relever les erreurs qu'ils ont commises, d'opposer à leurs assertions magistrales des faits, à leurs dénégations des preuves ; tandis que les autres regrettent le bon temps d'autrefois où la science était commode et facile ; car on avait peu d'espèces et au moyen d'un simple exercice de mémoire on se trouvait dispensé de rien observer pour tout connaître. Tous accueillent avec empressement, avec bonheur, non seulement des faits bien réels, mais la moindre apparence de faits qui pourraient leur donner raison et montrer qu'il y a peu d'espèces, qu'il faut en réduire le nombre, bien loin de chercher à l'augmenter.

Indépendamment des botanistes attardés, il y a toute une école vivant jusqu'ici dans les abstractions et les chimères, qui est impatiente de pouvoir enfin prendre pied sur le terrain de l'expérience. Les partisans de la philosophie de l'identité absolue sentent tous de quelle importance il serait pour eux que la variabilité de l'espèce fût démontrée par les faits, puisque leurs théories recevraient ainsi la consécration de l'expérience qui leur

a toujours manqué. Aussi voit-on tous les adorateurs du GRAND
TOUT, de ce Dieu qui est à la fois Dieu, nature et humanité, de si
loin qu'on leur montre une petite brèche faite au principe de
l'immutabilité des types spécifiques, accourir pour s'y précipiter
avec leurs belles doctrines déployées et tous les nouveaux axiomes
de logique et de morale qui en sont le cortége obligé, espérant
pénétrer par là dans le sanctuaire de la science dont il leur a
jusqu'à présent fermé l'entrée. En effet, si l'on part de la transformation d'un type du règne végétal dans un autre comme d'un
fait démontré, on est conduit à admettre la possibilité de la
transformation successive de tous les végétaux les uns dans les
autres, et à ne plus voir dans le règne végétal qu'un seul être
diversement modifié ; bientôt la logique conduit à identifier le
végétal avec l'animal, puis ce dernier avec l'homme, et enfin
l'homme avec Dieu, le néant avec l'Être. Toutes les erreurs
comme toutes les vérités se tiennent et s'enchaînent dans l'ordre
logique. La vérité est une ; et lorsqu'une seule vérité se trouve
ébranlée, la ruine de toutes est préparée dans l'intelligence
humaine. C'est donc un devoir pour nous, humbles et patients
investigateurs de faits, d'arracher aux partisans d'une philosophie
aussi dangereuse que fausse l'espoir de ce triomphe éclatant de
leurs doctrines, que la prétendue découverte de M. Fabre semble
leur promettre, et dont ils saluent déjà la perspective avec un
enthousiasme insensé.

Examinons d'abord en quoi consiste cette expérience, afin de
bien en apprécier la portée véritable. M. Fabre s'est proposé de
démontrer que deux espèces du genre *Aegylops*, l'*Ae. ovata* L. et
l'*Ae. triaristata* Willd., croissant à l'état sauvage, se transforment
d'elles-mêmes en une troisième plante connue dans la science
sous le nom d'*Aegylops triticoïdes* Req., nom qui lui vient de
sa ressemblance avec les espèces de *Triticum*, genre de plantes
qui comprend les diverses sortes de blés des cultures. Ce changement s'opère, selon lui, chaque année au mois de mai, aux

environs d'Agde, où il dit l'avoir observé plusieurs fois. Il a remarqué que les graines d'un même épi de l'*Aegylops ovata*, en se semant naturellement, produisent deux sortes d'individus ; les uns qui sont le type même de l'*Ae. ovata*, les autres qui sont la plante appelée *Ae. triticoides* par les botanistes. Les graines de l'*Ae. triaristata* produisent pareillement soit des individus types de l'espèce, soit d'autres qui sont le même *Ae. triticoides*. Il ajoute que, ayant soumis à la culture les graines de la forme *triticoides* de l'*Ae. ovata*, il l'a vue perdre les caractères du genre *Aegylops* et devenir tout-à-fait semblable à une espèce du genre *Triticum*, qu'ainsi elle lui paraît être un vrai *Triticum*.

Ce qui résulte de ces observations de M. Fabre, si elles ont été bien faites, c'est : 1° que l'*Ae. triticoides* Req. n'est pas une véritable espèce, mais une simple modification du type dont elle est issue ; 2° que les caractères assignés par les botanistes au genre *Aegylops*, pour le distinguer du genre *Triticum*, étant variables et sans valeur, les diverses espèces qui appartiennent à chacun de ces deux genres ne doivent plus former qu'un seul groupe sous une seule et même dénomination générique. Cette double conséquence peut sans doute offrir un vif intérêt aux hommes qui s'occupent de critique botanique et se sont adonnés d'une manière spéciale à l'étude des espèces et des genres ; mais elle n'a évidemment aucun rapport avec la question qu'on agite, celle de la transformation de telle ou telle espèce du genre *Aegylops* en telle ou telle espèce du genre *Triticum*. M. Fabre, en tirant des observations qu'il a présentées cette conséquence que les espèces du genre *Aegylops* sont l'origine des espèces du genre *Triticum*, tombe dans un paralogisme grossier qui consiste à conclure de l'identité générique à l'identité spécifique, comme s'il résultait de la réunion des deux genres *Aegylops* et *Triticum* en un seul que leurs espèces respectives doivent être confondues comme identiques.

On voit donc que nous avons pu dire avec vérité, en com-

mençant, que cette expérience qui est présentée comme une grande
découverte, se réfute par son exposé même, puisque, en admettant
par hypothèse que son auteur a parfaitement démontré tout ce
qu'il cherche à établir directement, il n'a par le fait rien, absolument rien démontré qui se rapporte à la question de l'origine
des diverses espèces de blés cultivés que comprend le genre *Tri-*
ticum ; il a fait preuve seulement d'une complète inintelligence
de cette question qui, loin d'être résolue par lui, n'est pas même
abordée dans ses véritables termes.

Ce n'est pas tout. Nous venons de supposer que les expériences
de M. Fabre avaient été très-bien faites, que ses observations sur
les divers points de fait étaient fort justes, fort exactes ; il nous
reste à faire voir que cette supposition n'est rien moins que
fondée, que ces expériences et ces observations sont complètement
fausses et erronées quant à leur objet direct même, et que
M. Fabre ; en croyant démontrer que l'*Aegylops triticoïdes*
Req. n'est pas une espèce véritable, mais un simple état d'une
autre espèce, et que le genre *Aegylops* n'est séparé du genre *Triti-*
cum que par des caractères tout-à-fait variables, se trouve avoir démontré, sans s'en douter, précisément le contraire : savoir que
l'*Ae. triticoïdes* est une très-bonne espèce, et que les deux genres
Triticum et *Aegylops* sont parfaitement distincts l'un de l'autre.

Remarquons d'abord que, d'après M. Fabre, les *Ae. ovata*
et *triaristata* auraient chacun une forme *triticoïdes* ; et que
les deux formes provenant de ces deux espèces constitueraient
ensemble la plante signalée comme espèce distincte par Requien,
et décrite comme telle par plusieurs savants auteurs italiens,
tels que MM. Bertoloni, Gussone et Parlatore. Avant de
prêter ainsi gratuitement et contre toute vraisemblance une
énorme absurdité à des botanistes éminents , il aurait dû prendre garde de n'en pas commettre lui-même une toute pareille.
Il ne confond pas, il est vrai, comme tout-à-fait identiques
ces deux formes *triticoïdes* et remarque effectivement entre

elles quelques légères différences, mais il ne les distingue pas spécifiquement; il admet aussi qu'elles peuvent être l'origine non pas de deux espèces, mais de deux séries de variétés de blés cultivés. Cependant si les produits de l'*Ae. ovata* et de l'*Ae. tri-aristata* ne sont pas spécifiquement distincts, il s'ensuit néces-sairement que ces deux *Aegylops* eux-mêmes ne sont pas des espèces; et M. Fabre qui les considère comme telles tombe ici dans une contradiction manifeste.

Venons maintenant à son expérience. M. Fabre ayant semé la graine des individus sauvages de l'*Ae. ovata*, qui avaient pris la forme *triticoides*, a obtenu, dès la première année de culture, une plante beaucoup plus robuste, dont tous les individus avaient absolument le port d'un blé *Touzelle* et n'offraient pas la moindre ressemblance avec l'*Ae. ovata* type : il a semé de nouveau la graine obtenue de cette première récolte et renouvelé pareille-ment ses semis pendant douze années consécutives, sans qu'il ait jamais vu se développer un seul individu qui ait pris la forme ordinaire de l'*Ae. ovata*. Cette forme, dit-il, n'a plus paru. Il ajoute que pendant ces douze années de culture il a vu son *Ae. triticoides* se perfectionner graduellement et devenir un vrai blé (*Triticum*); ce qui doit peu surprendre, puisque dès la première année de culture tous les individus avaient exactement le port d'un blé et ne ressemblaient pas du tout à l'*Ae. ovata*. Il le rapproche surtout du blé *Touzelle* (*Triticum vulgare* VILL.) et se montre frappé de la similitude qu'il offre avec cette espèce, sans cependant affirmer aucunement leur identité. En cela, il n'a point tort; il suffit en effet à un botaniste exercé d'examiner avec attention les figures de l'*Ae. triticoides* cultivé, qui accompagnent le mémoire de M. Fabre, et de lire les détails qu'il donne sur cette plante, pour se convaincre qu'elle est spécifiquement, et même, comme nous le montrerons plus loin, génériquement fort distincte du *Triticum vulgare*, quoiqu'elle lui ressemble fort à la première vue.

M. Fabre avait présenté d'abord l'*Ae. triticoides* REQ. comme

5

étant une simple modification purement accidentelle de l'*Ae. ovata*,
puisqu'on voyait dans les lieux, incultes les graines d'un même
épi de cette espèce donner naissance tantôt à la forme type,
tantôt à la forme *triticoides* ; maintenant, il nous le montre dans
son expérience avec tous les caractères d'un type déterminé, d'une
espèce véritable, ou tout au moins de ce que les partisans des
races végétales appelleraient une race héréditaire et fixe, puisqu'il
se perpétue de ses graines avec tous ses caractères distinctifs,
étant cultivé en grand dans un enclos ou en plein champ, sans
offrir jamais de ressemblance avec son type présumé. Cependant
l'*Ae. triticoides* ne peut être en même temps une variation
accidentelle et une forme fixe ; il faut qu'il soit l'une ou l'autre ;
il y a contradiction manifeste à le présenter comme ayant en
même temps des caractères opposés. M. Fabre nous dira sans
doute que la contradiction n'est pas de son fait, que c'est la
nature qui est bizarre et capricieuse, et que ce qui n'était d'abord
qu'une simple variation est devenu tout-à-coup, par une transformation aussi subite qu'inexplicable, quelque chose comme un
type pourvu de caractères tranchés et héréditaires ; mais nous
lui répondrons qu'infailliblement il s'est trompé dans son observation et que ses assertions mêmes en sont une preuve
évidente.

Déjà de ce simple fait qu'il a obtenu, dès la première année du
semis, une plante représentée par plusieurs individus tous totale-
ment différents de l'*Ae. ovata*, on peut très-bien conclure que ce
ne sont pas, comme il le croit, les graines de cet *Aegylops* qu'il
a semées, mais celles d'une autre espèce. Maintenant cette plante
ayant le port d'un blé, qu'il a cultivée pendant douze ans de suite,
ressemble effectivement par son aspect au blé *Touzelle* (*Triticum
vulgare* Vill.) ; cependant elle n'est pas lui, ni aucune autre sorte
de blé des cultures ; nous disons qu'elle n'est point un *Triticum*, mais
un *Aegylops*, qu'elle n'est autre chose que le véritable *Aegylops
triticoides* Req., la plante même à laquelle Requien a donné ce

nom fort heureusement choisi , comme nous en avons acquis la
certitude en comparant les exemplaires authentiques envoyés par
Requien à M. le professeur Seringe , non pas seulement
avec les figures de la plante de M. Fabre qui accompagnent son
mémoire, mais avec des échantillons de cette même plante remis
par M. Fabre lui-même à l'un des savants auteurs de la *Flore de
France*, M. le docteur Godron, qui a eu la bonté de nous les
communiquer, et aussi avec d'autres adressés directement par
M. Fabre à M. Seringe, dont le jugement sur eux a été exactement conforme au nôtre.

La plante de M. Fabre étant donc incontestablement l'*Aegylops
triticoïdes* Req. et non une autre espèce, il en résulte qu'il a dû
pour l'obtenir semer les graines de cet *Aegylops* même , qui
croît en effet spontanément dans le pays qu'il habite. S'il nous
disait simplement qu'il a semé les graines de l'*Ae. ovata* ordinaire
et qu'il en a obtenu l'*Ae. triticoïdes*, il nous suffirait de lui
répondre qu'il a certainement commis une erreur matérielle, une
erreur d'étiquette, en prenant les graines d'une espèce pour
celles d'une autre, et que le résultat même de son expérience en
est la preuve ; mais comme il nous dit, au contraire, qu'il a semé
les graines d'un *Ae. ovata* modifié et transformé déjà à l'état
sauvage en *Ae. triticoïdes*, et que c'est bien cet *ovata* ainsi transformé qui lui a donné une plante tout-à-fait différente de son
type primitif, très-semblable à un blé et se perpétuant de ses
graines dans le même état , nous devons donc chercher à nous
rendre compte de son erreur et en montrer la cause.

D'après l'expérience que nous avons acquise au sujet des erreurs
qui peuvent être commises dans les distinctions d'espèces par des botanistes inexpérimentés et mal habiles, ou même par des botanistes
instruits quand ils ne sont pas très-attentifs, nous nous étions d'abord
arrêté à cette idée que, ayant pu observer en premier lieu une
simple modification de l'*Ae. ovata*, produite par l'avortement des
arêtes qui terminent les valves du calice ou enveloppes florales

extérieures et dont le nombre , au lieu d'être de quatre comme
dans l'état ordinaire, se trouvait réduit à deux, M. Fabre avait
pris mal à propos cette modification pour le vrai *Aegylops triticoïdes*, qui n'a lui aussi que deux arêtes aux valves du calice ;
qu'ensuite, venant à rencontrer au même endroit des individus
de cette dernière espèce, maigres et appauvris comme ils devaient
l'être dans ce sol aride, qui était, dit-il, le plus sec et le plus
chaud de toute la contrée, il les avait confondus comme identiques
avec la modification à deux arêtes de l'*Ae. ovata* d'abord observée
par lui, et que, ayant pris et semé leurs graines, il était demeuré
persuadé qu'il avait réellement pris et semé les graines d'une
modification de l'*Ae. ovata*, tandis qu'il n'en était rien. Lorsque
plus tard les graines qu'il avait jetées dans un sol fertile lui eurent
tout naturellement donné une plante forte et robuste, à épi bien
plus allongé et plus fourni que dans le lieu aride où elle croissait
d'abord, il n'avait pas dû trouver qu'elle eût autant de rapport
qu'auparavant avec la modification à deux arêtes de l'*Ae.ovata*, et être
seulement frappé de sa ressemblance avec un blé ; voyant ensuite
que sa plante prenait au calice tantôt deux arêtes écourtées, tantôt
une longue arête avec une plus courte ou même un simple rudiment
de la seconde, que ce dernier cas devenait le plus ordinaire, il
s'était aisément persuadé qu'elle se transformait peu à peu en
Triticum, qu'elle devenait finalement un vrai *Triticum*, puisque
les auteurs n'attribuent qu'une seule arête aux valves du calice
dans ce dernier genre.

Cette manière d'expliquer l'erreur de M. Fabre nous avait paru
la plus vraisemblable, celle que semblait le mieux justifier l'examen de la figure de son mémoire où la forme *triticoïdes* de l'*Ae.
ovata* est représentée de manière à donner une idée fort peu
exacte du vrai *Ae. triticoïdes* sauvage, dont l'aspect est si tranché
et si différent de celui de l'*Ae. ovata* ; mais elle ne s'est pas
trouvée d'accord avec les renseignements précis et positifs que
nous venons d'obtenir à ce sujet, et qui nous ont révélé la cause

véritable de cette erreur, cause que nous osions à peine soupçonner, tant elle nous paraissait incroyable et monstrueuse.

Un botaniste que M. Fabre a accompagné dans le lieu inculte entouré de tous côtés par des vignes, où il avait pris ses graines, et à qui il a montré ce qu'il regardait comme de l'*Ae. ovata* transformé en *Ae. triticoïdes*, nous a envoyé, tant de ce même lieu que d'autres localités, divers échantillons conformes à ceux que M. Fabre lui avait montrés. De plus, nous avons vu chez M. Seringe les échantillons de la plante sauvage que M. Fabre lui a adressée, qu'il dit être l'*Ae. ovata* devenu *triticoïdes* et dont il croit avoir obtenu par le semis un vrai froment. Tous ces échantillons que nous avons examinés ne nous ont point offert une déformation ou une modification quelconque de l'*Ae. ovata*, mais exactement le type ordinaire de l'*Ae. triticoïdes*. Dans ceux où la transformation n'était pas seulement supposée, mais présentée comme évidente par celui qui avait envoyé la plante, nous avons vu deux individus, l'un d'*Ae. ovata* type, l'autre d'*Ae. triticoïdes* type, unis ensemble et dont les racines étaient si bien enchevêtrées dans une même touffe qu'il semblait qu'on ne pouvait les séparer sans rupture. En examinant attentivement ceux où les tiges des deux espèces paraissaient sortir des débris d'un même épi, nous avons reconnu que l'une d'elles avait dû, au moment de la germination, se faire jour à travers les enveloppes persistantes de l'épi de l'autre, qui s'était trouvé sans doute par hasard superposé au sien, de sorte qu'on pouvait croire, en n'y regardant pas de très-près, qu'elles sortaient effectivement toutes deux du même épi, quoique cela ne fût aucunement.

En constatant ainsi avec une entière évidence une pareille méprise, nous étions confondu d'étonnement et nous pouvions à peine en croire nos yeux, nous qui avons pu observer tant de fois des faits du même genre, auxquels nous n'attachions aucune importance, qui avons rencontré bien souvent des individus de la famille des Graminées, appartenant à des espèces ou même à des genres différents, et si bien unis cependant qu'il était impossible de les séparer sans les mettre en pièces ; nous qui, bien plus, avons vu de jeunes pêchers ainsi que des cerisiers provenant de semis, dont les racines s'étaient positivement soudées, quoique les individus fussent parfaitement distincts et sortis de graines différentes. Nous ne doutons même pas que, avec un peu de patience, on ne puisse trouver dans un pré ou pâturage quelconque un bon nombre de faits parfaitement analogues à celui sur lequel repose toute l'expérience de M. Fabre. On ne nous a pas montré d'échantillon d'*Aegylops triaristata* devenant *triticoïdes* ; mais nous pensons que dans ce cas la transformation prétendue s'opère d'une manière analogue à celle de l'*Ae. ovata* en *triticoïdes*, et qu'en faisant des recherches dans tous les lieux où les diverses espèces de ce genre croissent pêle-mêle et en abondance, on arrivera bientôt à trouver des *Ae. ovata* devenus de la même manière *Ae. triaristata* ou *Ae. triuncialis* et réciproquement.

Ainsi donc la plante dont M. Fabre a semé les graines est exactement l'*Aegylops triticoïdes* de Requien ; il a raison sur ce point ; mais celle qu'il a obtenue de ces graines et cultivée pendant douze ans est encore exactement le même *Aegylops*, et il se trompe quand il croit y voir autre chose, ou même un changement notable de caractères. Nous avons comparé attentivement les échantillons cultivés et spontanés de sa plante ; M. Seringe, qui s'est occupé d'une manière spéciale de l'étude scientifique des céréales, les a examinés comme nous, et ils ne nous ont offert que des différences sans importance, qui ne peuvent pas même constituer une variété, et sont analogues à celles que présente une plante quelconque dont on compare les individus venus dans un bon sol à ceux qui ont été pris dans un champ stérile.

M. Fabre se trompe également quand il croit que son *Ae. triticoïdes* sauvage était issu de l'*Aegylops ovata* ; il n'a aucune raison pour admettre que ce soit l'*Aegylops ovata* qui ait produit l'*Ae. triti-coides*, plutôt que ce dernier l'*ovata*. L'une et l'autre hypothèse sont absurdes sans doute ; mais l'une n'est pas plus insoutenable que l'autre. A qui fera-t-on croire en effet que l'*Ae. triticoides* produise l'*Ae. ovata*, lorsque M. Fabre a cultivé le premier en grand, pendant douze ans de suite, sans voir jamais paraître un seul individu du second? A qui pareillement fera-t-on croire que l'*Ae. ovata* produise l'*Ae. triticoides*, lorsqu'il est connu que M. Pépin a cultivé pendant vingt-un ans au jardin botanique de Paris cet *Ae. ovata*, et qu'il l'a vu se reproduire intact de ses graines pendant ces vingt-une générations, aussi bien que plusieurs autres espèces d'*Aegylops* cultivées en même temps; lorsqu'on sait que la plupart des espèces de ce genre sont cultivées fréquemment dans les divers jardins botaniques de l'Europe, sans offrir nulle part aucune trace de transformation qu'on ait citée ; lorsqu'enfin on trouve l'*Ae. ovata* dans cent localités du midi de la France et d'autres pays, où il abonde et où il n'y a point d'*Ae. triticoides*, tandis que celui-ci croît aussi quelquefois dans des lieux où il n'y a pas d'*Ae. ovata*?

L'*Aegylops triticoides* croît non seulement dans le midi de la France, mais en Sicile et en Italie ; nous l'avons reçu de Sicile de M. Todaro ; il nous a été aussi envoyé de la Calabre par M. Gussone. Ce savant botaniste, dont le nom fait autorité dans la science et qui par ses nombreux et excellents travaux tient le premier rang parmi les phytographes italiens, l'a décrit dans son *Synopsis floræ siculæ* comme une bonne espèce, et en a indiqué soigneusement tous les caractères ; il l'avait déjà mentionné dans ses précédents ouvrages, mais en le prenant pour l'*Ae. triuncialis* de Linné, qui est une espèce différente. M. Bertoloni l'a décrit aussi comme espèce dans son *Flora italica*, et M. Parlatore de même dans son *Flora palermitana*.

Cette plante est donc certainement une espèce véritable ; et la culture de douze années à laquelle elle a été soumise par M.

Fabre, bien loin d'infirmer le jugement des hommes instruits et compétents qui ont été à portée d'examiner ses caractères, vient, au contraire, le confirmer pleinement, puisqu'elle nous la montre constante et invariable dans sa forme, ayant depuis le commencement de l'expérience jusqu'à la fin le port d'un blé *Touzelle* (*Triticum vulgare*) et toujours parfaitement distincte des autres espèces d'*Aegylops*, surtout de l'*Ae. ovata* auquel M. Fabre n'a rapporté son origine que par suite d'une erreur de fait. Si elle n'eût été qu'une variété de cette dernière espèce ou de toute autre, elle aurait conservé les caractères essentiels de son type, comme cela se voit dans toutes les variétés connues; si elle eût été une hybride, elle serait restée stérile, comme le sont tous les hybrides qui présentent des caractères tranchés ; dans le cas où elle eût été une hybride fertile, sa ressemblance à son type maternel aurait été très-marquée à la première génération, et elle serait revenue exactement à ce type, dès la seconde, par un nouveau semis, comme cela arrive pour tous les hybrides fertiles, sans exception, ainsi que nous l'expliquerons plus loin, lorsqu'ils sont placés dans les mêmes conditions que le type maternel et soustraitsà toute cause d'hybridation nouvelle.

Il nous reste à montrer, en nous appuyant sur les observations mêmes de M. Fabre, que l'*Ae. triticoides* cultivé par lui diffère non seulement spécifiquement mais génériquement du blé *Touzelle* (*Triticum vulgare* VILL.) auquel il le compare; qu'ainsi il est bien un vrai *Aegylops* et non pas un *Triticum*, comme il le suppose, étant trompé par une similitude de port et par une analyse incomplète des organes des plantes qu'il a eues sous les yeux.

M. le professeur Seringe, dans la partie déjà publiée de son intéressant travail sur les céréales d'Europe (¹), a parfaitement

(¹) N. C. Seringe, Descriptions et figures des céréales européennes (Annales de la Soc. d'agricult. de Lyon, 1841).

démontré que le genre *Triticum* de Linné ne pouvait contenir toutes les espèces que cet auteur lui a rapportées. Conformément à l'opinion de plusieurs auteurs du XVIIe siècle, bien antérieurs à Linné, qui déjà avaient distingué deux groupes parmi les blés cultivés ; étant d'accord aussi avec le sentiment général des horticulteurs qui leur a fait séparer comme par instinct ces deux groupes et les désigner sous deux noms différents, le *Froment* et l'*Épeautre*, il a établi le genre *Spelta* aux dépens de l'ancien genre *Triticum*, et de plus il a fait du *Triticum monococcum* L. un troisième genre, *Nivieria*, qui est aussi fort distinct. Indépendamment de divers caractères importants tirés de la forme de la graine et des autres organes, M. Seringe distingue le genre *Spelta* (*Épeautre*) du genre *Triticum* (*Froment*) par ce caractère remarquable que les grains restent toujours enveloppés, même après l'opération du battage, et que, l'axe de l'épi se désarticulant à la base de chaque article, chaque épillet tombe séparément, tandis que dans le genre *Triticum* l'axe de l'épine se rompt pas à des points déterminés, même par le battage, et que le grain tombe nu sous le fléau.

Dans l'*Ae. triticoïdes* REQ. ainsi que dans les autres espèces d'*Aegylops*, les épis, sans se désarticuler avec autant de facilité que ceux des *Spelta*, se cassent à leur base à la maturité et tombent à terre d'eux-mêmes ou au moindre choc ; les graines ne se séparent jamais de leurs enveloppes, qui persistent même après la germination et lorsque déjà la nouvelle plante a atteint une grande partie de son développement ; au lieu que dans les espèces du genre *Triticum*, telles que le *T. vulgare* VILL. (*Froment Touzelle*), l'épi est toujours adhérent à la tige, et laisse échapper les graines qui tombent à terre complètement dépouillées de leurs enveloppes. Ainsi, sous ce rapport, le genre *Aegylops* s'éloignerait beaucoup du genre *Triticum* et paraîtrait se rapprocher davantage du genre *Spelta* ; mais il se distingue parfaitement de l'un et de l'autre par la forme des valves du calice qui sont arrondies sur le dos et munies de nervures nombreuses presque égales ou dont une ou deux sont un peu plus saillantes, qui se terminent en outre par deux ou plusieurs arêtes avortant quelquefois et remplacées dans ce cas par des arêtes écourtées ou des rudiments d'arête. Dans les genres *Spelta* et *Triticum* les valves du calice ont le dos anguleux, relevé par une nervure très-saillante en forme de carène et se terminant toujours par une seule arête écourtée ou non, sans rudiment d'une seconde arête. Les graines d'*Aegylops* se distinguent aussi très-bien de celles de *Triticum*; elles présentent comme dans le genre *Spelta* une face latérale déprimée, mais moins excavée au milieu, dont les bords sont un peu anguleux. Dans le genre *Triticum* la rainure latérale des graines est beaucoup moins ouverte et a les bords très-arrondis.

Ces divers caractères du genre *Aegylops*, notamment ceux des nervures, de la persistance des enveloppes florales, de la fragilité des épis, sont mis en évidence par les détails mêmes que donne M. Fabre ainsi que par les figures de son mémoire, et ils prouvent que la distinction des deux genres *Aegylops* et *Triticum* est très-solidement fondée. Selon nous, si l'*Aegylops triticoides* REQ. n'était pas un vrai *Aegylops*, comme cela est hors de doute, il devrait être rapproché par ses divers caractères, par son port même, du *Spelta vulgaris* SER. (*Épeautre*) plutôt que du *Triticum vulgare* VILL. (*Froment Touzelle*) auquel M. Fabre le compare et dont il est très-distinct.

On voit par cette démonstration que nous venons d'achever, qu'il est difficile de se tromper plus complètement que ne l'a fait M. Fabre, et d'accumuler dans une même expérience des erreurs plus manifestes et plus nombreuses, erreurs de faits, erreurs de logique. Ce sont là cependant les expériences que les partisans de la variabilité des espèces nous opposent, et sur lesquelles ils basent leurs arguments contre nous; c'est sur elles également que certains botanistes engoués des vieilles méthodes fondent leur espoir d'un retour des esprits à ce qu'ils appellent les saines traditions de la science. On comprend combien il importe qu'une bonne et prompte justice en soit faite; car si cette disposition de quelques esprits à croire aisément tout ce qu'il y a de plus absurde, quand les théories pour lesquelles ils se passionnent y trouvent un avantage, était simplement encouragée par le silence ou le dédain des hommes de science, on pourrait s'attendre à voir bientôt apparaître de tous côtés des faits merveilleux du même genre. Toutes les bévues que l'ignorance et l'impéritie font commettre seraient présentées au besoin comme des faits irrécusables, dont on s'empresserait de tirer des conséquences. Le charlatanisme, lui aussi, ne manquerait pas de s'unir à l'ignorance pour enfanter des prodiges offerts à la crédulité de gens disposés à tout accepter, qui ne veulent pas même se servir de leur raison dans un ordre de connaissances où elle devrait être leur seul guide, tandis que, dans une sphère supérieure où sa compétence est très-contestable, on ne les voit que trop souvent rejeter opiniâtrément tout ce qui la dépasse.

Tout en signalant les erreurs que M. Fabre a pu commettre, nous ne sommes nullement porté à le confondre avec ceux qui exploitent la crédulité publique, pour arriver à la renommée ou dans tout autre but; son caractère honorable nous est trop bien connu pour que cette pensée ne soit pas très-loin de notre esprit. Nous ne voulons pas même le classer parmi les observateurs vulgaires et sans intelligence; car il avait déjà fait preuve d'une sagacité peu commune par des observations très-bien faites sur quelques plantes nouvelles, dont la découverte lui est due et qui, grâce à lui, ont fixé l'attention des savants; nous-même, nous avons pu recueillir de sa bouche, il y a déjà bien des années, des renseignements précis, des remarques intéressantes sur diverses plantes curieuses du pays qu'il habite. Nous croyons aussi que le crédit que ses observations sur l'*Aegylops triticoïdes* ont pu trouver auprès de plusieurs botanistes, est dû en grande partie à la haute idée qu'il avait donnée jusque-là de son mérite comme observateur. Il faut reconnaître encore qu'il est très-facile de confondre les caractères génériques d'un *Aegylops*, surtout de l'*Aegylops triticoides* avec ceux d'un *Triticum*, en prenant pour guides beaucoup d'ouvrages de botanique qui définissent très-mal ce dernier genre et lui rapportent des espèces qui en sont bien plus éloignées que les espèces mêmes du genre *Aegylops*. Quant à l'erreur qu'il a commise au sujet de la prétendue métamorphose d'un *Aegylops ovata* en *Aegylops triticoides* et de ce dernier en *Triticum*, elle est certainement le résultat d'idées préconçues, qui ne lui appartiennent pas en propre ; car elles avaient déjà été émises par d'autres, qui avaient plusieurs fois indiqué non-seulement la possibilité, mais même la probabilité du changement des *Aegylops* en *Triticum*. Celui qui croit d'avance aux métamorphoses des plantes et pour qui la possibilité de la transformation des types spécifiques n'est l'objet d'aucun doute, s'il vient à rencontrer un fait tant soit peu singulier, n'a garde pour s'en rendre compte de recourir à des explications trop simples ; il adopte de préférence celles qui paraissent confirmer ses idées théoriques ; l'imagination pour qui le merveilleux a toujours tant d'attraits s'en trouve aussi plus satisfaite ; et bientôt il est entraîné par elle, loin des voies scientifiques, dans la région des hypothèses les plus chimériques ou les plus absurdes.

Cet exemple, comme les autres que nous avons cités précédemment, nous paraît offrir une preuve de l'importance des principes dans toute connaissance, même dans celle qui paraît être exclusivement du ressort de l'expérience et ne reposer que sur l'observation immédiate des faits. Les hommes étant toujours dirigés par leurs idées dans les expériences auxquelles ils se livrent, celles-ci ne valent en général que ce que valent les idées qui ont présidé. A la nullité d'idées ou de principes correspondent des expériences nulles dans leurs résultats ; à des idées fausses correspondent des expériences également fausses. Les questions de principes dominent donc tout dans la science ; mais il faut distinguer deux sortes de principes très-différents : les uns, qui ne sont que l'expression des faits généralisés, peuvent être regardés comme le produit même de la science, tandis que les autres, qui sont les principes premiers, ne résultent pas des faits, mais servent, au contraire, de points de départ dans leur étude ; et c'est sur ceux-ci que l'homme qui s'applique à la recherche de la vérité dans les divers ordres de connaissances doit porter tout d'abord une attention sérieuse.

VI.

Le climat et le sol ne produisant pas chez les végétaux, comme nous l'avons montré, de races héréditaires, mais de simples variétés qui, placées dans d'autres conditions, disparaissent à la première génération ou au plus tard à la seconde, il s'ensuit que les moyens d'action de l'homme sur eux par la culture sont restreints dans des limites bien plus étroites qu'on ne le suppose généralement. Cependant, quelque bornée que soit son influence, elle peut obtenir des résultats d'une grande importance, relativement à ses besoins ou à son agrément. S'il ne lui est pas donné d'agir sur les végétaux comme sur les animaux, en produisant pareillement en eux des races héréditaires ou des combinaisons de races opérées par le croisement, son action s'étend sur les individus chez lesquels il peut amener, par les moyens dont il dispose, des altérations ou modifications très-notables ; il peut ensuite multiplier à son gré par la greffe ou la bouture les individus ainsi modifiés ; ce qui établit sous ce rapport une sorte de compensation.

Nous avons réduit les moyens directs d'action de l'homme sur les végétaux aux quatre suivants : le labour, le sarclage, l'engrais et l'hybridation.

Le labour, qui consiste à remuer le sol avec les instruments aratoires ou ceux du jardinage, ne produit pas de modification dans le végétal, mais il facilite et accélère son développement. Le sol,

étant bien travaillé, offre moins d'obstacles à vaincre aux racines
de la jeune plante et est plus propre à l'absorption des gaz atmos-
phériques qui la font vivre.

Le sarclage nettoie le sol et laisse la place libre à la plante que
l'on cultive. Les végétaux de la nature sauvage sont dans un état
de lutte continuelle à toutes les époques de leur existence; ils
vivent aux dépens les uns des autres, en se disputant la nourriture qu'ils tirent du sol. Par le sarclage, l'homme fait cesser cet
antagonisme et obtient un développement plus considérable de la
plante entière ou de plusieurs de ses organes; c'est ainsi que
beaucoup de légumes acquièrent les qualités alimentaires qui les
rendent propres à notre usage.

L'engrais sert à la nourriture du végétal et est destiné à rem-
placer dans le sol l'humus qui souvent lui manque, ou qu'il ne
renferme que dans des proportions trop faibles pour le tempérament de certaines espèces; il est une cause puissante d'altération
et de variation chez les individus; car en surexcitant la plante,
il rompt l'équilibre des organes et amène les déformations, les
fleurs doubles et autres monstruosités, dont plusieurs charment
nos yeux ou peuvent être de quelque utilité pour nous.

L'hybridité obtenue artificiellement, ainsi que celle qui est produite naturellement par le rapprochement de végétaux de diverses
espèces, est une cause de modifications individuelles, qui est très-
importante et d'une nature toute spéciale. Comme on est assez porté
à en exagérer les effets et à lui attribuer beaucoup d'influence dans
la production des nouvelles espèces ou des prétendues races des
cultures, nous avons à examiner quel est son rôle parmi les
végétaux et à faire voir que la vraie connaissance des hybrides,
bien loin de prêter appui à l'opinion qui admet la possibilité de
la création de nouvelles espèces ou de nouvelles races, détruit, au
contraire, les arguments qu'on prétend tirer de l'expérience contre
la diversité originelle et la fixité des espèces en général, ou contre
celles des espèces cultivées en particulier.

L'hybride étant le produit de la fécondation d'un individu
d'une espèce par un individu d'une autre espèce, ne doit pas,
d'après les idées que nous avons développées sur la nature de
l'espèce, présenter un nouveau type essentiellement distinct des
autres; selon nous, il ne peut être autre chose que le type même
qui a subi la fécondation, chez lequel le développement indivi-
duel s'est opéré dans des conditions anormales. L'hybride serait donc
un cas particulier de monstruosité, une déviation purement individuelle d'un type spécifique déterminé, qui n'aurait jamais rien d'absolument incompatible avec la nature essentielle de ce type, quelque profonde qu'elle soit en apparence. Ce point de vue indiqué
par la théorie rationnelle de l'espèce, peut laisser quelques
doutes dans l'esprit, quand on se borne à l'étude des hybrides
chez les animaux ; mais il nous paraît pleinement justifié par les
faits, dans l'étude des hybrides chez les végétaux.

Depuis la découverte de la sexualité des plantes et des rapports
si intimes qui unissent les végétaux aux animaux quant aux fonctions de la reproduction, l'analogie conduisit à admettre comme
vraisemblable l'existence des hybrides parmi les végétaux, et bientôt des faits positifs vinrent confirmer cette opinion ; non seulement l'existence de plantes hybrides développées spontanément
fut bien constatée, mais la possibilité de l'hybridation fut démontrée par des expériences directes, au moyen de fécondations
artificielles d'une espèce par une autre. Après Linné, dont quelques tentatives à ce sujet eurent un plein succès, Kœhlreuter,
vers la fin du dernier siècle, entreprit au jardin botanique de
St-Pétersbourg une série d'expériences qui furent continuées pendant un grand nombre d'années, et dont il a fait connaître les résultats en partie consignés dans les mémoires de l'Académie de
St-Pétersbourg (¹). Après avoir observé des hybrides développées

(1) Kœhlreuter, Mémoires de l'Académie de St-Pétersbourg,
1775-1778.

spontanément, il obtint ensuite des produits semblables par une fécondation artificielle et mit ainsi le fait de l'hybridité hors de doute.

Il reconnut que les espèces de certains genres avaient plus de tendance à l'hybridation que celles d'autres genres, et que les hybrides entre les plantes de genres différents étaient très-difficiles à réaliser, même en opérant, comme il l'a fait quelquefois, sur des genres à caractères douteux, qui ne paraissent pas être suffisamment distincts, quoique reçus comme tels par l'usage ; il reconnut aussi que les variétés d'une même espèce s'hybridaient très-facilement entre elles. Parmi les plantes hybrides qu'il obtint de ses fécondations artificielles, les unes se montrèrent stériles, les autres restèrent fertiles. Chez celles qui étaient stériles, les organes de la végétation ressemblaient davantage au type maternel et atteignaient un plus grand développement, tandis que les organes de la reproduction étaient frappés d'impuissance dans l'accomplissement de leurs fonctions. Les hybrides fertiles offraient une ressemblance encore plus évidente au type maternel, auquel elles retournaient ultérieurement.

Kœhlreuter n'indique pas par des comparaisons assez exactes tous les caractères de forme dans les divers états d'hybridité observés par lui ; il ne dit pas comment s'est effectué le retour au type maternel et ne donne pas avec précision tous les traits distinctifs des types qui ont servi à ses expériences. Il est donc à regretter que l'imperfection de la méthode et le manque d'une connaissance approfondie des espèces n'ôtent une partie de leur valeur à des expériences faites consciencieusement, avec suite et dans un but purement scientifique. Ce qui est certain, c'est qu'il est resté lui même, après ses divers essais, pleinement persuadé de la fixité absolue des vraies espèces ; ce qui a été bien constaté, c'est que pas une seule des nombreuses plantes hybrides obtenues par lui artificiellement n'a donné lieu à la création d'une espèce ou d'une race nouvelle, c'est que toutes, c'est que toutes, sans exception, se sont évanouies avec le temps, ne paraissant pas être sorties du lieu où elles avaient été produites.

Depuis Kœhlreuter, des essais d'hybridation artificielle ont été tentés sur divers points dans un but également scientifique, et leur résultat, ainsi que celui de toutes les observations faites sur les hybrides développées spontanément, a toujours été le même : stérilité de certaines hybrides et retour au type maternel des hybrides fertiles. S'il nous est permis d'invoquer ici notre propre expérience, quoique nous n'ayons pratiqué aucune hybridation artificielle et que nous nous soyons borné à observer les hybrides développées spontanément dans nos cultures, nous dirons que nous n'avons constaté des cas d'hybridité que dans les espèces de quelques genres seulement, de ces genres surtout qui offrent souvent des cas semblables dans les lieux incultes, tandis que, à notre grand étonnement, dans d'autres genres très-naturels, dont les espèces sont si voisines qu'elles ne paraissent séparées que par des nuances saisissables seulement pour un œil exercé, nous n'avons pu découvrir aucune trace, aucune apparence d'hybridité, quoique les individus des diverses espèces fussent placés dans les meilleures conditions pour cet effet, croissant pêle-mêle et se reproduisant spontanément de leurs graines en quantité. Nous avons dû conclure de ce fait que l'affinité des espèces pouvait bien être nécessaire à l'accomplissement du phénomène de l'hybridité, mais qu'elle n'était pas cependant toujours exactement en rapport avec la faculté de s'hybrider qu'ont les plantes; la nature paraissant, au contraire, imprimer une plus grande fixité aux espèces qui offrent une très-grande similitude d'organes et sont appelées à vivre dans les mêmes lieux, afin d'empêcher l'inévitable confusion qui résulterait de leur commune existence, si la faculté de s'hybrider croissait toujours chez elles en raison de leurs affinités spécifiques.

Parmi les plantes qui nous ont paru être modifiées par l'hy-

6

bridation, quelques-unes, en très-petit nombre, se sont mon-
trées stériles; c'était toujours celles qui présentaient les modifications les plus profondes et l'apparence d'un état tout à-fait intermédiaire entre leurs deux ascendants présumés. La plupart, au
contraire, se montraient fertiles; mais en les examinant attentivement et en soumettant à l'analyse tous leurs caractères essentiels, il était facile de reconnaître qu'elles tenaient beaucoup
plus du type maternel que du type paternel, et qu'elles ne constituaient au fond que de simples modifications de ce type, ca-
ractérisées par une tendance à se rapprocher des formes de l'autre et dues évidemment à l'hybridation, puisqu'elles étaient toujours produites dans les cas où elle était rendue possible par le
rapprochement des individus et jamais dans d'autres cas.

Les graines prises sur des individus qui provenaient de graines
modifiées par l'hybridation nous ont toujours donné très-exac-
tement le type maternel primitif, dès la première génération,
sans aucune exception, lorsque ces individus avaient été placés
dans un état d'isolement complet. Dans le cas, au contraire, où
ils avaient pu s'hybrider entre eux ou être hybridés par des individus d'une autre espèce, nous avons vu leurs graines produire
une série de modifications nouvelles, dont aucune ne représen-
tait exactement le type maternel, sans cependant s'en écarter
d'une manière notable. Il nous a donc paru démontré: 1° qu'il
y avait des degrés divers dans l'hybridité des végétaux, et que
tous ces degrés ne constituaient chez la plante-mère que de simples modifications purement individuelles, dépourvues de toute
fixité; 2° que dans le cas où la déviation avait atteint sa dernière
limite compatible avec l'intégrité du type, elle avait toujours pour
résultat la stérilité. Les hybrides stériles, à cause de leurs rapports évidents avec les hybrides fertiles, dont elles ne sont séparées que par des différences du plus au moins, ne présentent donc
dans la réalité, comme ces dernières, que le type maternel dont
le développement s'est opéré d'une manière anormale et mons-

trueuse, sous le rapport des organes de la reproduction. Cela est d'autant plus vraisemblable qu'elles lui ressemblent toujours beaucoup par les organes de la végétation.

Nous ferons remarquer à cette occasion que l'usage où sont généralement les botanistes, surtout depuis les travaux de Schiede (1), de décrire séparément les plantes hybrides, en leur donnant une place dans la série générale des espèces, avec une désignation spéciale qui fait connaître leur double origine, doit paraître vicieux selon nos idées ; car il a l'inconvénient de présenter ces plantes sous un faux aspect, et tend à nous les faire considérer comme des êtres à part, des types intermédiaires, tandis qu'elles doivent tout simplement former une catégorie distincte parmi les modifications ou monstruosités des vrais types spécifiques.

Cette manière de considérer l'hybridité chez les végétaux nous paraît susceptible de jeter du jour sur cette question difficile, en donnant l'explication de beaucoup de faits d'expérience qui sont en apparence contradictoires et laissent beaucoup d'incertitude dans les esprits.

Les hybrides stériles des végétaux étant toujours spécifiquement identiques à leur type maternel, il en résulte par analogie qu'il doit en être de même pour les hybrides des animaux et qu'ainsi le mulet, produit de la fécondation de l'ânesse par le cheval, appartient au type âne, tandis que le jumar, qui est né de la jument saillie par un âne, n'est autre chose qu'un vrai cheval, chez lequel le développement de certains organes est à l'état anormal ou monstrueux. Cette conséquence ne peut être établie directement par l'observation chez les animaux, parce qu'ils n'offrent pas comme les végétaux toutes ces nuances, tous ces degrés intermédiaires dans l'hybridité, qui nous révèlent son vrai caractère ; mais elle ne nous paraît pas moins l'expression de la

(1) Schiede, De plantis hybridis sponte natis, Casellis Cattorum, 1825.

vérité, en raison de l'analogie que nous venons d'indiquer, ainsi qu'en raison de son parfait accord avec le principe de la fixité et de l'immutabilité absolue des types spécifiques, que la raison démontre invinciblement.

La plupart des auteurs qui ont écrit sur l'hybridité des végé-taux, frappés de ce fait que l'hybridité s'opère très-facilement entre les variétés d'une même espèce, ont pensé que si ces ex-périences étaient appliquées aux végétaux, notamment aux arbres fruitiers, on pourrait obtenir par le croisement de leurs variétés ou races supposées de très-bons résultats, comme ceux qu'on obtient chaque jour par le croisement des races de nos animaux domestiques. Raisonnement fort juste certainement, si l'on admet comme un fait démontré l'hypothèse de l'identité spécifique de telle ou telle variété d'arbres fruitiers ou de légumes, mais sans application possible dans le cas contraire.

Ce n'est guère que depuis une vingtaine d'années que divers horticulteurs ont commencé des essais d'hybridation artificielle sur les plantes des cultures. Parmi ceux qui ont fait des expériences d'une certaine étendue et qui en ont rendu compte, on peut citer en première ligne Sageret, en France, et Knight, en Angleterre. Leur essais d'hybridation, dirigés comme ceux des autres horti-culteurs dans un but plutôt commercial que scientifique, sont complètement dépourvus de toutes ces garanties d'exactitude rigoureuse qui sont indispensables pour la solution d'un problème scientifique. Quelque habiles et instruits qu'ils soient comme horticulteurs, la nullité de leurs connaissances en botanique ôte toute valeur aux jugements qu'ils portent sur les modifications éprouvées par les plantes qui ont été l'objet de leurs essais. Il est aisé de voir, d'après l'exposé donné par eux de ces essais, qu'ils n'ont pas compris l'importance des études qu'ils nécessitent, ni celle des précautions à prendre pour s'enquérir exactement des faits et pour éviter l'erreur. Il leur arrive souvent de donner le nom d'hybrides à des plantes qui n'ont pas même l'apparence de l'hybridité.

Toute plante dont l'origine est douteuse est regardée par eux comme une hybride, surtout si elle semble intermédiaire à deux autres espèces connues, tandis que c'est là un cas très-ordinaire dans tous les genres de plantes très-naturels. Tout fait singulier, toute déformation due à une cause accidentelle quelconque, devient une hybride à leurs yeux. C'est ainsi que l'hybride signalée par Sageret comme un produit de la fécondation du *Raphanus sativus* L. par le *Brassica oleracea* L. n'est autre chose, comme l'a fort bien démontré M. Godron (¹), qu'une déformation du *Raphanus sativus* qui ne pouvait être attribuée à l'hybridité. Cet arbre hybride que Knight dit avoir obtenu de la fécondation de l'amandier par le pêcher, est-il bien tel effectivement ? Il est permis d'en douter et de croire qu'il a une tout autre origine que celle qui lui est attribuée, surtout s'il est vrai qu'il se reproduise de ses graines, comme on le dit.

En général, comme nous l'avons déjà fait observer, le désir d'obtenir des nouveautés stimulé par une entière conviction de la possibilité du succès, tel est le principal mobile de toutes les recherches des horticulteurs. Les moindres apparences favorables à leur désir sont accueillies par eux avec empressement ; ils prennent pour un fait démontré ce qui n'a pas les caractères d'un fait de ce genre ou ce qui n'est qu'une supposition sans preuves, et ils s'accoutument peu à peu à juger tous les faits qui semblent venir à l'appui de leurs idées préconçues, plutôt avec le secours de leur imagination qu'en s'aidant de l'observation directe. C'est ainsi, pour nous servir d'une expression de M. Decaisne, qui a exprimé sur ce point une opinion conforme à la nôtre dans la *Revue horticole de Paris*, qu'entraînés vers l'erreur par un premier pas, ils finissent par devenir romanciers en croyant n'être qu'historiens.

Cependant, s'il est certain qu'il n'existe actuellement aucun fait, aucune preuve irrécusable établissant qu'une seule des va-

(¹) Godron, De l'hybridité dans les végétaux. Nancy, 1844.

riétés quelconques des cultures , susceptible de se reproduire par semis, doive son origine à une hybridation bien constatée, il n'est pas moins hors de doute qu'il existe aujourd'hui dans l'horticulture, un nombre considérable de produits dont l'origine est due à l'hybridation, soit naturelle, soit artificielle. Beaucoup de plantes qui ne donnaient que très-rarement des variétés, telles que les *Rhododendron*, les *Pelargonium*, etc., en ont donné un nombre infini , dès qu'on a pratiqué l'hybridation artificielle de leurs espèces. Sans doute il y a quelques espèces qui, tout en étant isolées des autres, peuvent produire, par la seule action du principe de diversité individuelle, des variations de peu d'importance dans leurs organes et d'un effet agréable aux yeux ; mais il y a lieu de croire que la culture en grand de ces mêmes espèces facilite l'hybridation des divers individus entre eux, et produit ainsi ces nuances infiniment variées qui ont tant de charmes pour nous.

Comme l'hybridation est une cause de variations individuelles, et que la plupart des variations peuvent être multipliées par la greffe, la bouture ou le marcottage, on comprend que l'horticulteur fleuriste ait atteint son but, s'il a obtenu par l'hybridation des variations nombreuses et surtout d'un effet agréable ; de même si le pépiniériste parvient à obtenir par l'emploi de ce moyen des modifications de quelque valeur dans la grosseur ou la saveur des fruits, son but est également rempli. Dans les cas où l'hybridation naturelle est possible , mais rare, l'hybridation artificielle pourra être employée avec succès; et nous ne pouvons ici qu'adhérer aux vues et aux conseils pratiques donnés par M. Lecoq dans son traité sur l'hybridation (¹).

L'hybridation n'atteignant jamais, selon nous, le type de l'espèce, même dans le cas de stérilité, son action sur les espèces en

(¹) LECOQ , De la fécondation naturelle et artificielle des végétaux , Paris, 1845.

général est donc absolument nulle. Toutes ces mutations d'espèces, ces créations de races chez les végétaux par l'effet des croisements, dont on parle très-souvent, n'existent que par hypothèse et ne sont appuyées sur aucune preuve qui supporte le moindre examen sérieux. On ne peut pas espérer d'obtenir de nouvelles races parmi les végétaux, puisqu'il n'y a pas de races chez eux, que toutes les races supposées sont de vraies espèces, comme nous croyons l'avoir démontré ; mais, s'il est possible de produire en eux des modifications individuelles et de multiplier ensuite à volonté les individus ainsi modifiés, ce résultat nous paraît bien suffisant pour encourager les essais de ceux qui cherchent à faire varier les plantes par l'hybridation ou par tout autre moyen.

VII.

L'examen des faits ayant pleinement confirmé le point de vue rationnel d'après lequel nous avons établi en principe l'immutabilité des types spécifiques, et reconnu la fixité de l'ensemble de leurs caractères comme le seul signe certain qui nous permette de constater leur existence et de les distinguer entre eux, il nous reste à aborder le point le plus délicat de la question, celui qui en renferme, à proprement parler, la solution que les considérations précédentes n'ont fait que préparer.

S'il est vrai que les prétendues races d'arbres fruitiers, de vignes, légumes, etc., cultivées partout depuis des siècles, ne soient pas un produit de l'industrie humaine, une création de l'homme ; s'il est impossible qu'elles résultent de l'action des sols, des climats divers ou de tout autres influences, quelles qu'en aient pu être l'énergie et la durée ; si ce sont en un mot des vraies espèces, en tout analogues aux espèces sauvages que l'on trouve dans les lieux incultes ; comment peut-on expliquer le fait de leur existence actuelle dans les cultures ? Car, il nous force d'admettre qu'elles existent encore ou qu'elles ont dû exister à l'état spontané sur quelque point du globe. Quelle sera donc leur patrie véritable, le lieu d'où elles ont été tirées par l'homme? Ici, les données positives de l'expérience venant à nous manquer, nous sommes contraint d'établir indirectement et par voie de conjecture ce point essentiel de la question. Mais, comme il est toujours possible de dégager l'inconnu dans tout problème dont les bases sont solidement fixées, nous pourrons également justifier les vues et les conjectures que nous avons à présenter, en montrant leur parfait accord avec les principes évidents et les faits avérés qui nous servent d'éléments de démonstration.

Parmi les végétaux des cultures, s'il en est quelques-uns d'origine récente, tels que la pomme de terre, dont on peut dire que la patrie nous est connue, quoique cependant cette connaissance soit un peu vague et ne se rapporte pas exactement à l'existence de chacune des formes déterminées qui ont été confondues comme variétés sous une même dénomination spécifique, il en est un bien plus grand nombre que l'on cultive depuis très-longtemps, dont nous ne connaissons pas la patrie et dont nous savons seulement par les renseignements de l'histoire qu'ils nous sont venus de l'Orient.

Toutes les traditions historiques s'accordent pour établir ce fait que presque tous nos arbres fruitiers, tels que poiriers, pommiers, pruniers, cerisiers, pêchers, abricotiers, orangers, figuiers, etc., ainsi que les vignes, légumes et céréales, ont été apportés de l'Asie tempérée en Europe, à diverses époques, surtout à l'époque de la domination romaine. Leur culture sur divers points de l'Asie centrale paraît remonter à la plus haute antiquité, et on la voit partir de là pour se répandre successivement dans toutes les régions occidentales. C'est donc l'Asie qui devrait être la patrie de tous ces végétaux, le lieu où ils croissent spontanément. Cependant nous ne trouvons nulle part aucun indice de cette spontanéité, et, dans les temps anciens comme dans les temps modernes, ils ne paraissent exister en

Asie, de même que partout ailleurs, qu'à l'état de culture. Beaucoup de voyageurs ont parcouru jusqu'ici l'Asie Mineure, la Perse, l'Inde, la Tartarie ; ils en ont rapporté une foule de productions singulières; mais ils n'ont jamais signalé nulle part la présence de quelques-uns des arbres fruitiers de nos cultures, à l'état sauvage, dans les forêts et autres lieux incultes.

Si l'on réfléchit que la même incertitude règne au sujet de la patrie véritable de plusieurs de nos animaux domestiques, que l'on voit suivre partout l'homme et que l'on ne trouve en aucun lieu à l'état vraiment sauvage, on est nécessairement conduit à penser que l'origine des végétaux des cultures, aussi bien que celle des animaux domestiques, se rattache au fait de l'origine de l'espèce humaine et à celui de son existence dans les conditions actuelles. Ce sont donc les traditions de l'humanité qu'il faut interroger sur ce point. Tous les faits authentiques de l'histoire, tous les monuments antiques, nous présentent l'Asie comme le berceau de la civilisation et des arts ; c'est de l'Asie que paraissent être sortis les divers peuples du monde, et elle a été le centre des migrations qui se sont accomplies dès l'origine ou dans la suite des siècles. Mais, au delà de l'époque dite historique, tous les faits qui concernent les premiers âges de l'humanité paraissent incertains et obscurs. La vérité devient bien difficile à découvrir au fond des mythologies des différents peuples, où elle est tantôt déguisée sous le voile de l'allégorie, tantôt dénaturée par des fables absurdes. Nous ne trouvons les faits qui se rapportent à l'histoire et à l'origine des premières familles humaines, consignés avec tous les caractères d'un récit authentique, que dans un seul livre, les saintes écritures du peuple Juif.

D'après le récit de Moïse, une catastrophe épouvantable, un déluge universel ayant bouleversé la face de la terre, l'espèce humaine aurait péri tout entière, avec tout ce qui avait vie, à l'exception d'un petit nombre d'hommes et d'animaux réunis auprès d'eux, qui auraient échappé au désastre par une voie

miraculeuse. Comme il est dit en même temps dans le récit biblique, que ces hommes avaient été avertis longtemps à l'avance
de cet événement, et avaient dû se munir de tout ce qui pouvait
servir à leur nourriture ainsi qu'à celle des animaux sauvés avec
eux, on peut admettre comme un fait très-vraisemblable, qu'ils
avaient pris non seulement des fruits, mais encore des semences
ou même des plants de toutes les espèces végétales qui leur
étaient utiles, d'autant plus que la nourriture des hommes, à
cette époque, étant tirée exclusivement du règne végétal, la
culture devait être leur principale occupation. Ce fait consigné
dans les livres saints que, aussitôt après le retrait des eaux,
Noé se mit à labourer et cultiver la terre, ainsi qu'à planter la
vigne, vient tout-à-fait à l'appui de notre conjecture.

Les fruits, légumes, céréales, vignes et autres végétaux,
conservés de cette manière, seraient donc l'origine de la plupart
de ceux que nous cultivons aujourd'hui, dont l'espèce aurait
péri à l'état sauvage avec beaucoup d'autres, par l'effet du déluge, de même qu'ont péri tant d'espèces animales de la même
époque, dont les débris se retrouvent de nos jours dans les cavernes à ossements, mêlés avec ceux de beaucoup d'animaux sauvages de l'époque actuelle.

L'exploration récente des cavernes ossifères, en divers lieux
de l'Europe et sur d'autres points du globe, ainsi que l'examen
attentif qu'ont fait beaucoup de savants distingués des débris
qu'elles renferment, a mis hors de toute contestation ce fait que, à
la première partie de l'époque quaternaire, celle qui a précédé immédiatement les temps où nous vivons, dont elle est séparée par le
cataclysme diluvien, un certain nombre d'espèces animales, de la
classe des mammifères, appartenant aux mêmes genres que les
espèces actuelles ou à des genres différents, a vécu dans les lieux
mêmes où vivent encore ces dernières, et que les unes et les
autres ont dû vivre ensemble, puisque leurs débris parfaitement
reconnaissables se trouvent, de nos jours, confondus et entas-

sés pêle-mêle ou placés dans des conditions absolument identiques.

Si donc des espèces animales ont pu disparaître à la suite de la catastrophe diluvienne, et d'autres, au contraire, être conservées, pourquoi n'en serait-il pas de même des espèces végétales ? N'est-il pas vraisemblable que beaucoup ont dû périr, comme l'analogie l'indique, comme le font supposer aussi les lacunes considérables qu'offrent certains genres ou certaines familles actuelles, et qui causent beaucoup d'embarras dans les classifications de la science. Jusqu'ici, il est vrai, on n'a pu reconnaître aucun débris des végétaux de l'époque actuelle dans les terrains de la période antédiluvienne; mais cela ne peut être un sujet d'étonnement, parce que le séjour prolongé dans les eaux, à l'époque du déluge, a dû produire une décomposition et une altération si profonde du tissu des végétaux qu'il n'est pas possible qu'il en soit resté aucune trace. Il est donc très-raisonnable de penser que ceux des végétaux des cultures qui ne se retrouvent plus, de nos jours, à l'état sauvage, ne sont autre chose que des espèces de la période immédiatement antérieure au déluge, dont tous les représentants sauvages auraient péri, et que pareillement les animaux domestiques dont les types sauvages n'existent plus, appartiendraient à la catégorie des espèces animales détruites. Parmi les animaux de toute espèce sauvés avec lui du déluge, l'homme ayant retenu ceux qui pouvaient servir à ses besoins et remis en liberté les autres, il est tout simple qu'on ne retrouve plus les premiers à l'état sauvage. On ne peut également s'expliquer que par le récit biblique comment il est possible que certaines espèces d'animaux aient été conservées, quoiqu'elles aient habité les lieux mêmes où d'autres avaient péri avec elles et où l'on retrouve aujourd'hui leurs débris confondus.

Cette opinion que nous venons d'émettre sur l'origine de la plupart des végétaux généralement cultivés ne peut être établie par l'observation directe, cela est certain; mais elle ne nous paraît pas moins marquée en quelque sorte du sceau de l'évidence, puisqu'elle

résulte, comme conséquence indirecte, de l'examen des faits. En effet,
refuser de l'admettre, c'est aboutir à une double impossibilité : d'un
côté, impossibilité de la création de races végétales, issues d'un
très-petit nombre de types transformés, qui auraient acquis par
diverses causes, dans la suite des temps, des caractères équivalents
à ceux des espèces sauvages actuelles ; de l'autre, impossibilité
de se rendre compte du fait de l'existence de ces races, qui sont
bien de vraies espèces et que cependant on ne retrouve spontanées
nulle part. On voit donc que, sur ce point, la vérité des traditions
bibliques se trouve pleinement confirmée par la science des
végétaux, puisque ces traditions seules peuvent rendre parfaitement raison des faits qui, sans elles, resteraient pour l'homme
une énigme à jamais insoluble.

Ces conjectures si plausibles sur l'origine des végétaux généralement cultivés peuvent servir à l'explication du fait de la
disparition de certaines variétés, qui, non moins que celui de
leur accroissement en nombre, a beaucoup embarrassé la plupart de ceux qui se sont occupés de cette question. Cette disparition est, à la vérité, bien souvent plutôt apparente que réelle,
et tient, ainsi que nous l'avons déjà fait remarquer, à une connaissance imparfaite des espèces, chez lesquelles on n'observe que
des caractères tout-à-fait accessoires et variables, sans tenir
compte des caractères essentiels de forme, et dont on ne donne
aucun signalement qui permette de les reconnaître plus tard avec
certitude. Il y a tout lieu de croire cependant que, s'il est un
bon nombre d'espèces qui, pour n'être pas reconnues, n'en
existent pas moins et pourront en conséquence être retrouvées,
après avoir été considérées comme perdues, il s'en trouve aussi
plusieurs qui ont dû périr entièrement par la destruction totale
des individus qui les représentaient, leur culture ayant été moins
répandue que celle des autres et plus tard abandonnée à la suite
des guerres ou des révolutions. Peut-être que ce fruit intermédiaire entre la poire et le coing, dont parle Pline dans ses Géopo-

niques, et auquel on ne voit rien dans les cultures actuelles qui puisse être rapporté, même approximativement, serait un exemple à citer de ce cas de destruction des espèces cultivées?

Dans l'état d'enfance où est encore la science, au point de vue de la délimitation des espèces des cultures et de la connaissance des caractères essentiels de forme qui les distinguent, on ne peut établir aucun fait certain de la nature de ceux dont nous indiquons seulement la possibilité ; il faut attendre pour cela qu'un inventaire complet et méthodique de toutes les espèces cultivées ait été fait. Ce qui est certain, c'est qu'on retrouve çà et là dans les lieux incultes, peu éloignés des habitations, principalement dans les haies anciennes ou sur la lisière des bois, diverses espèces de poiriers et de pommiers, quelquefois de pruniers ou de cerisiers, à l'état sauvage, mais non pas à l'état de spontanéité parfaite ; car elles n'ont jamais de stations abondantes, comme les autres arbres de nos forêts, et ne sont représentées que par des individus isolés ou très-peu nombreux. Nous avons constaté nous-même l'existence de plusieurs espèces de cette catégorie, sur divers points du Dauphiné et des environs de Lyon ; elles nous ont paru tout-à-fait analogues aux sauvageons des semis de l'horticulture, n'offrant de même que des fruits fort petits, les uns doux, les autres acerbes. Ces arbres sauvages dont parle le célèbre Van Mons, qu'il avait observés sur les collines incultes des Ardennes et qui, selon lui, offraient les types de toutes les nouveautés dont il a enrichi les catalogues des pépiniéristes, devaient être analogues à ceux que nous avons observés nous-même. Pareillement, toutes ces nouvelles espèces d'origine inconnue, qu'on voit apparaître de nos jours dans les cultures, ne peuvent aussi être autre chose que des espèces cultivées autrefois, puis dégénérées et oubliées, qui, étant cultivées de nouveau et améliorées, reprennent leur rang d'espèces qu'elles avaient perdu.

Comme les horticulteurs, en général, s'attachent fort peu à l'étude des formes caractéristiques, surtout chez les fruits petits

et de qualité médiocre, lorsque le hasard fait qu'il se trouve dans
leurs semis quelques pepins appartenant à l'une de ces espèces
rebutées par eux, et que l'un de ces pepins vient à produire un
individu dont le fruit est d'assez belle apparence, leur attention
est aussitôt éveillée; ils comparent ce fruit à ceux qu'ils connaissent et, s'ils jugent qu'il en diffère, ils lui donnent un nom.
La nouveauté commerciale est ainsi créée; la greffe sert ensuite
à la répandre. Mais ce qu'ils obtiennent ainsi par hasard et sans
s'en douter, Van Mons l'obtenait par l'effet d'un système arrêté
d'avance : ce qui lui faisait dire qu'il préférait pour ses semis les
pepins d'une petite poire acerbe, de forme nouvelle, à ceux de la
meilleure poire connue. Cette opinion de Van Mons que beaucoup
de personnes ont trouvée choquante, nous paraît, au contraire,
d'une grande justesse; il est évident pour nous qu'un fruit excellent et déjà très-perfectionné ne peut donner par le semis que ce
qu'il vaut et souvent beaucoup moins qu'il ne vaut, tandis qu'un
fruit médiocre ou mauvais, dont la culture a été abandonnée
depuis longtemps, est susceptible d'être amélioré et, dans tous les
cas, doit donner une nouveauté pour le commerce, s'il est de forme
nouvelle, ce qui ne peut jamais arriver pour le fruit déjà connu.

Il résulte donc de cette théorie de la création des nouvelles
espèces d'arbres fruitiers du commerce, que toute nouveauté véritable, d'une valeur égale à celle des anciennes espèces, a son
origine dans un sauvageon abandonné et resté depuis longtemps
sans culture, qui, ayant été soumis à un traitement convenable,
a pu donner par le semis de ses graines, dès la première génération, ou seulement à la seconde comme le croit Van Mons, un
ou plusieurs individus porteurs de fruits plus ou moins gros et
de qualité plus ou moins parfaite, selon leur espèce, mais toujours spécifiquement distincts, avant comme après l'amélioration
obtenue, des autres arbres laissés à l'état sauvage ou soumis à
un traitement analogue.

Indépendamment de l'assertion si formelle de Van Mons, qui

ne doit laisser aucun doute dans les esprits, nous pouvons citer à l'appui de notre opinion des faits connus de tout le monde. Chacun sait que l'excellente poire de *St-Germain* provient d'un arbre isolé trouvé par hasard dans la forêt de St-Germain près de Paris; qu'il en est de même du *Bézy de Chaumontel* trouvé à Chaumontel, de la *Bergamotte Sylvanche*, de la *Virgouleuse* et de plusieurs autres. Si donc il est bien constaté que plusieurs de nos meilleures espèces de fruit ont cette origine, si toutes les nouveautés de Van Mons sortent des lieux incultes, comme il l'affirme positivement, n'est-il pas infiniment probable, en dehors des considérations que nous avons présentées, qu'il en est de même de toutes les autres nouveautés dont les horticulteurs ne font pas connaître la véritable origine, soit qu'ils l'ignorent eux-mêmes, soit qu'ils croient de leur intérêt de la tenir cachée.

La recherche et l'étude de tous ces arbres tombés à l'état presque sauvage par l'abandon de leur culture sont, on le voit, d'une extrême importance. Leur nombre tend à diminuer chaque jour, comme nous l'avons pu constater nous-même, et il est fort douteux qu'on retrouve facilement, de nos jours, en Belgique, tous ceux que Van Mons avait pu y rencontrer, il y a un demi siècle. Mais il est probable que si les investigations étaient dirigées sur tous les points des différentes contrées, pendant qu'il en est temps encore, on pourrait sauver d'une perte imminente quelques bonnes espèces ou en retrouver d'autres qu'on croit perdues.

Une autre conséquence de l'opinion que nous venons d'exposer, c'est qu'il serait urgent, dans l'intérêt de la science et dans celui de l'horticulture, d'établir des écoles de toutes les espèces fruitières et autres actuellement connues, où l'on conserverait les types de chacune d'elles, afin de préserver de la destruction beaucoup d'espèces rares, abandonnées aux chances et aux caprices du commerce, qui disparaîtraient bientôt, si l'on cessait de les multiplier par la greffe ou par le semis. Ce qu'il importe de conserver avant tout, ce ne sont pas tant ces qualités acquises que l'on recherche, qui peuvent se perdre et être retrouvées plus tard par de nouveaux semis, ce sont les formes, les espèces elles-mêmes, qui, une fois perdues par la destruction complète des individus, le seraient sans retour.

Ce qui ressort également de notre manière de voir, c'est la complète inutilité des efforts tentés par beaucoup d'horticulteurs qui recueillent pour les semer les pepins des meilleurs fruits connus, dans l'espoir d'obtenir de cette façon de nouvelles espèces. Nous leur dirons que, le pouvoir de créer n'ayant pas été donné à l'homme, la première condition pour obtenir une nouveauté, c'est de la posséder déjà, mais sous une apparence autre que celle qu'on veut lui faire acquérir. Ils doivent imiter Van Mons, le plus grand praticien connu, l'auteur des plus nombreuses découvertes de ce genre, et s'appliquer comme lui à la recherche et à l'étude des fruits réputés sauvages. Si leur but est simplement d'améliorer les espèces déjà connues, il n'y a sans doute aucun inconvénient pour eux à prendre les graines des meilleurs fruits pour les semer; mais cette précaution n'est pas aussi rigoureusement nécessaire que l'ont souvent prétendu plusieurs de ceux dont l'esprit était dominé par cette idée fausse et préconçue, que nos espèces actuelles ne sont que le produit de la culture, dont l'influence aurait agi sur elles d'une manière lente et progressive, pendant une longue suite de siècles. Le choix des meilleures graines et le meilleur traitement à donner au semis, ce sont là les conditions les plus assurées de succès que la raison et l'expérience indiquent.

Les essais d'hybridation artificielle peuvent aussi produire des modifications dans les fruits, chez quelques individus; cependant, malgré les tentatives de Knight, Sageret et autres, il est permis de douter qu'elles amènent des résultats d'une grande valeur. Les caractères des fruits ont trop d'importance au point de vue de l'organisation, pour qu'ils soient susceptibles de modifications très-notables dans la même espèce. Il n'en est pas de même pour les fleurs, chez lesquelles l'hybridation peut amener beaucoup de changements, surtout dans les couleurs, et présenter ces combinaisons variées de nuances qui sont recherchées des fleuristes.

Il est bien rare qu'une apparence de succès vienne couronner les tentatives faites pour l'obtention de nouvelles espèces, selon le procédé généralement indiqué, qui consiste à semer avec persévérance les graines des variétés les plus estimées et à attendre les effets des croisements ou du hasard, pour voir se produire ces transformations si désirées. Il arrive donc que beaucoup d'horticulteurs, bien qu'animés d'une foi vive dans la possibilité des mutations extraordinaires qu'ils souhaitent d'obtenir, se sentent à la fin découragés par la non réussite de leurs essais, dont ils reconnaissent que le résultat le plus clair pour eux est une dépense considérable de temps et d'argent. Aussi les voit-on souvent abandonner ces essais, renoncer même à toute expérimentation d'aucune sorte. Cela montre combien il est utile que l'expérience soit toujours réglée selon les vues de l'esprit et éclairée par des idées justes, combien il importe qu'au lieu de poursuivre des chimères, elle se dirige vers un but réellement à sa portée. A cette condition seulement elle peut devenir féconde en résultats dont la science et l'humanité ne tardent pas à profiter.